欧州対テロ部隊
進化する戦術と最新装備

L・ネヴィル 著
床井雅美 監訳
茂木作太郎 訳

European Counter-
Terrorist Units 1972-2017

並木書房

はじめに

　本書に掲載したすべての部隊を詳述するには、それぞれ部隊ごとの解説書が必要です。限られたページ数で各部隊を紹介するために、本書は欧州対テロ部隊の中でも創設時期が古く、規模が大きい部隊を詳細に解説することにしました。それでも、できる限り、知名度は低いものの有力な小規模部隊の情報も取り上げました。

　本シリーズ「エリート部隊（Elite）」で、この試みを実現するのは、バランス上、たいへん難しいことでした。本書に続き、より包括的な書籍が刊行されることを期待します。

　同様に読者は対テロ任務を持ついくつかの部隊の記述がないこと、あるいは簡単にしか触れられていないことに疑問を抱くかもしれません。この点でも、本書の構成から、テロ対策を主要任務もしくは唯一の任務としている部隊を中心に取り上げざるを得ませんでした。

　また、本書は主要原語以外の情報収集方法に限界があったため、主に西ヨーロッパの部隊を中心に紹介していますが、シリーズ続巻でさらに他部隊が取り上げられることを希望しています。

　「介入部隊（Intervention Unit）」という用語を使用したのは、実際にテロリストに対して、戦術行動を実行する部隊と、

バスに立てこもる犯人を制圧するギリシャEKAMの対テロ訓練。(Hellenic Police)

テロ容疑者の捜査を行なう部隊を分けることを意図したためです。同時に、これらの部隊も「対テロ対処(CT：Counter-Terrorist)部隊」や「対テロ(AT：Anti-terrorist)特殊部隊」として紹介されることが多くあります。

最後に、本書で紹介した部隊の多くはイニシャルで呼称されており、この慣例を本書でも採用しました。同様に武器、装備品、テクニックも略称などが広く用いられています。これらは最初に登場したときに説明していますが、略語解説(7ページ)も参照ください。

目　次

はじめに　1

略語解説　7

第1章　ミュンヘン襲撃事件の教訓　10

ミュンヘン五輪を襲った「黒い9月」／失敗に終わった対テロ作戦／対テロ部隊の創設が始まる／1970〜80年代のテロ事件

第2章　新たなテロの脅威　22

ソフトターゲットへのテロ攻撃／死を恐れないテロリスト／テロの国際化

第3章　対テロ戦術と装備　36

介入作戦の手順／多様な任務をこなす警察犬／対テロ部隊の特殊車両／突入するための特殊機材／攻撃の手順と人質確保／突入後6秒以内に制圧！

第4章　ヨーロッパの対テロ部隊　66

アイルランドの対テロ部隊／イギリスの対テロ部隊／イタリアの対テロ部隊／オーストリアの対テロ部隊／オランダの対テロ部隊／ギリシャの対テロ部隊／スイスの対テロ部隊／スペイン

の対テロ部隊／スロバキアの対テロ部隊／セルビアの対テロ部隊／チェコ共和国の対テロ部隊／デンマークの対テロ部隊／ドイツの対テロ部隊／ノルウェーの対テロ部隊／ハンガリーの対テロ部隊／フィンランドの対テロ部隊／フランスの対テロ部隊／ベルギーの対テロ部隊／ポーランドの対テロ部隊／ボスニア・ヘルツェゴビナの対テロ部隊／ポルトガルの対テロ部隊／リトアニアの対テロ部隊／ルーマニアの対テロ部隊／ロシアの対テロ部隊

第5章　アトラス・ネットワーク　146

34の対テロ部隊が「アトラス」に参加／定期的に開催される合同訓練

第6章　最新の対テロ武器　154

対テロ用の装備開発／人気のグロック・ピストル／MP5サブマシンガンとカービン／アサルト・ライフル＆バトル・ライフル／スナイパー・ライフル／その他の武器

[部隊イラスト]
1980年代のドイツGSG9　20
1980年のイギリス第22SAS「パゴタ」チーム　20
1980年代後半のイタリアNOCS　20
1990年代後半のオーストリアGEK／EKOコブラ　33
2001年のスペインGEO　33
1994年のフランスGIGN　34
イギリス22SAS「パゴタ」チーム　74
フランスGIGN　76
ロンドン警視庁SCO19のCTSFO隊　76

目次　5

ドイツGSG9第2中隊ダイバー　110
ベルギーDSU　110
オランダUIM（BBE）　112

[コラム]
介入チームの訓練　65

[対テロ強襲作戦]
RAID強襲部隊（2015年11月18日）46
オランダBBEによる列車強襲作戦（1977年6月11日）86
マリニャーヌ空港でのGIGNによる航空機強襲作戦
（1994年12月26日）130
対テロ部隊が使用する特殊装備　164

主な参考文献　193
監訳者のことば　195

略語解説

ACOG	新型戦闘光学照準器
AirTEP	空中戦術離脱プラットフォーム
AKS	特殊介入部隊（デンマーク国家対テロ部隊）
APC	装甲兵員輸送車両
Aras	リトアニア警察対テロ作戦部隊
ARV	武装即応車両
B&T	ブルッガー&トーメ（スイスの特殊武器と機材の製造供給会社）
BBE	特殊警備部隊（オランダ国家対テロ部隊）
BFE+	証拠収集・逮捕チーム（ドイツ警察戦術支援隊）
BOA	対テロリズム作戦局（ポーランド警察対テロ部隊）
BRI-BAC	コマンド対策部隊（パリ警察対テロ部隊）
BSB	特殊警備任務団（オランダ王立憲兵隊）
BSIJ	国家特殊介入治安憲兵旅団（ルーマニア戦術部隊）
CAD	戦闘襲撃犬
CBRN	化学、生物、放射性物質、核
CGSU	中央特殊部隊委員会（ESIとDSUを参照）
CQB	接近戦闘
CRW	対革命戦団
CS	催涙ガス
CT	カウンターテロリズム：テロ対処／対テロ部隊
CTC	戦闘チーム競技会（GSG9）
CTSFO	対テロ専門スナイパー（ロンドン警視庁対テロ部隊）
Daesh	ISを参照
DMR	指定マークスマン・ライフル（光学照準器つき半自動スナイパー・ライフル）
DSI	特殊介入部隊（オランダ対テロ部隊）
DSU	特殊介入局部隊（ベルギー対テロ部隊）
EDD	爆発物探知犬
EKAM	特別対テロ対策ユニット（ギリシャ国家対テロ部隊）
EKO	突撃コマンド部隊（オーストリア内務省特殊部隊局）
EMOE	爆発物を使用した突入
EOD	爆発物処理
ERU	非常事態対処部隊（アイルランド警察対テロ部隊）
ESI	特殊介入部隊（ベルギー警察対テロ部隊）
ETA	バスク祖国と自由（バスク・テロ組織）
FAO	フランスGIGNの作戦支援部隊
FN	ファブリック・ナショナル（ベルギーの武器製造会社）
FOR	フランスGIGNの監視分析部隊
FSK	軍特殊部隊コマンド（ノルウェー特殊部隊）
FSP	フランスGIGNの警護部隊
GEK	突撃コマンド憲兵隊（オーストリア特殊部隊）
GEO	特殊作戦グループ（スペイン国家対テロ部隊）

略語解説　7

GIA	アルジェリア武装イスラム集団（アルジェリア・テロ組織）
GIGN	国家憲兵隊治安介入部隊（フランス）
GIPN	国家警察介入部隊（以前のフランス警察対テロ部隊）
GIS	特殊介入部隊（イタリア軍対テロ部隊）
GK	憲兵隊コマンド（オーストリア特殊部隊）
GOE	特殊作戦グループ（ポルトガル国家対テロ部隊）
GROM	機動作戦即応グループ（ポーランド陸軍特殊部隊）
GSG9	国境警備隊第9グループ（ドイツ国境警備隊対テロ部隊）
HAHO	高高度降下高高度開傘（落下傘技術）
HALO	高高度降下低高度開傘（落下傘技術）
HARAS	昇降式救出・襲撃システム（車両架装襲撃ランプ）
HK/H&K	ヘッケラー＆コッホ（ドイツの武器製造会社）
HMMWV	高機動多用途装輪車両、ハンヴィー
IED	即席爆発物
IS	イスラム国、ダーイシュ（中東イスラーム過激派集団）
JRA	日本赤軍
KSK	コマンド特殊部隊（ドイツ陸軍特殊部隊）
LMG	ライトマシンガン（軽機関銃）
MCT	海上対テロ行動
MEK	特殊機動部隊（オーストリア戦術部隊）
MJK	海軍歩兵コマンド（ノルウェー特殊部隊）
MOE	突入方法
MTFA	テロや銃火器による襲撃（テロ攻撃の一種）
MVD	ロシア内務省
NOCS	治安作戦中央部隊（イタリア国家警察）
OAG	作戦行動グループ（GEOを参照）
OMON	特別任務民警支部隊
OPEC	オペック：石油輸出国機構
PFLP	パレスチナ解放人民戦線（パレスチナ・テロ組織）
PI2G	広域地域圏介入小隊（旧フランス地方戦術部隊）
PIRA	暫定アイルランド共和軍（アイルランド・テロ組織）
PKM	改良型カラシニコフ汎用マシンガン
POSA	ベルギー対テロ部隊DSUの支援チーム（地方部隊）
QRF	即応部隊（即応予備部隊）
RAF	ドイツ赤軍
RAID	フランス国家警察特別介入部隊
RPG	携帯式対戦車榴弾発射機
SAJ	特殊対テロ部隊（セルビア国家対テロ部隊）
SAS	イギリス特殊空挺部隊（イギリス陸軍第22特殊空挺連隊）
SBS	イギリス特殊舟艇部隊（イギリス海軍〔海兵隊〕特殊部隊）
SCO19	銃器専門司令部19（ロンドン警視庁銃器武装部隊）
SEG	特殊作戦グループ（オーストリア戦術部隊）
SET	ドイツGSG9内の特別用途隊（GSG9を参照）
SFSG	イギリス陸軍特殊部隊内の特殊部隊支援群

SIE	特殊介入部隊（ベルギー警察対テロ部隊、ESI参照）
SIIAS	独立特殊作戦介入部隊（ルーマニア警察対テロ部隊）
SIPA	国家捜査・警備局（ボスニア・ヘルツェゴビナ）
SMG	サブマシンガン（短機関銃）
SOF	スペシャル・オペレーション・フォース：特殊作戦部隊
SP	特別プロジェクト（SASを参照）
SPAP	独立警察対テロ支隊（ポーランド警察地方戦術部隊）
SSU	特殊支援部隊（ボスニア・ヘルツェゴビナ警察対テロ部隊）
SWAT	アメリカ警察の特殊武器・戦術部隊
TEK	ハンガリー対テロセンター
UAV	無人航空機（ドローン）
UGV	無人車両（ドロイド）
UIM	海兵介入部隊（BBEを参照）
UKSF	連合王国特殊部隊（イギリス軍特殊部隊）
UOU	特別ユニット（スロバキア警察対テロ部隊）
URNA	チェコ特殊警察隊緊急配備部隊
USP	ルクセンブルク警察特殊部隊
VSS	特殊用途狙撃銃（ソ連が開発した減音セミオートマチックスナイパーライフル）
WEGA	ウィーン警戒タスクフォース（ウィーン警察対テロ部隊）
ZJ	ザサホバユニット（チェコ警察戦術部隊）

突入訓練をするセルビアの特殊テロ部隊SAJ
(specijalne-jedinice)

第1章
ミュンヘン襲撃事件の教訓

ミュンヘン五輪を襲った「黒い9月」

1972年9月5日、パレスチナの過激派組織「黒い9月」がミュンヘン・オリンピックの選手村のイスラエル人選手宿舎に侵入し、抵抗した2人を殺害して9人を人質にした。

「黒い9月」は、交渉でイスラエル国内に収監されていた多数のパレスチナ人テロリストとドイツ（当時西ドイツ）の極左過激派ドイツ赤軍（RAF）の幹部2人の釈放を求め、同時にカイロまで逃走するための航空機を要求した。

事件当時の1972年、ヨーロッパのどの国も対テロ介入専門部隊を保有しておらず、ドイツは不意を衝かれた格好となった。ドイツの対応は後手にまわったと言っても過言ではない。

「黒い9月」は人質に危害を加えると何度も脅迫した。最終的にドイツ政府は「黒い9月」の要求に応じると返答せざるをえなかった。

「黒い9月」はドイツ側の用意したヘリコプターに搭乗し、フュルステンフェルトブルック空軍基地に向かい、ここからルフトハンザ機がカイロへ向かうことになった。

返答と裏腹にドイツ政府は「黒い9月」の逃走を許すつもりはなく、航空機を乗り換えるフュルステンフェルトブルック基地で制圧しようと計画していた。

ルフトハンザの制服を着用した少数の警察官が、ルフトハンザ機に搭乗してきた「黒い9月」を殺害もしくは逮捕することになった。機外へ逃亡しようとするテロリストは基地の外周に配置された射撃成績優秀者から指名された警察官が狙撃することになっていた。

ところが、最後の最後になってルフトハンザ乗務員に変装し

た警察官は作戦が危険すぎるとして、勝手に任務を放棄してしまった。

　したがって「黒い9月」への制圧任務は5人の射撃手に頼るだけとなり、彼らは「黒い9月」を待ち伏せ攻撃するため、基地で待機した。

失敗に終わった対テロ作戦

　テロリストと人質を乗せた2機の軍用ヘリコプターは、フュルステンフェルトブルック基地に到着した。1機は射撃手からわずか50メートルの距離に着陸したという。驚くべきことに警察の情報収集および連絡が不十分で、射撃手たちは、事前に知らされていた5人ではなく、8人のテロリストが降り立ったことに動揺してしまった。

　テロリストたちがヘリコプターから離れ、逃亡機に向かうと、狙撃の命令は下された。しかし射撃手はだれ1人としてスナイパーの訓練を受けていなかったため、すぐに目標を倒すことができず、血みどろの銃撃戦になってしまった。8人のテロリストのうち5人を射殺できたものの、制圧までにイスラエル人の人質全員と警察官の1人が死亡した。さらに混乱のさなかに警察官2人が同僚警察官の誤射で負傷してしまった。制圧作戦は無残な失敗に終わった。

　ドイツ政府や警察当局はこの事件に関して世間から手厳しい批判を浴びた。

　翌10月29日にはダマスカスからフランクフルトに向かっていたルフトハンザ機がハイジャックされ、ドイツは再びテロリストに屈して、ミュンヘン・オリンピック事件後に収監されてい

ドイツ連邦(当時西ドイツ)国境警備隊第9グループ(GSG9)の隊員募集ポスター。介入部隊に特有のラペリング降下が描かれている。隊員は、第2次世界大戦のものによく似た当時のドイツ連邦軍の空挺ヘルメットを着用している(のちにカムフラージュカバーを被せた有名なTIGデザインのヘルメットに交換された)。素早い再装填が可能な2つのストレート弾倉を束ねたMP5A2サブマシンガンで武装している。ベルトにS&Wの.357リボルバーと予備のカートリッジループを付けている。(Kucharz)

た生き残った３人のテロリストを釈放した。恥の上塗りである。

対テロ部隊の創設が始まる

ドイツ連邦（当時西ドイツ）内務省はただちに有効なテロ対策を立案し、粛々と実行に移していった。ドイツのこの行動がヨーロッパにおける最初の介入専門部隊の創設に結びついた。

日本と同様に第２次世界大戦の敗戦国だったドイツは軍隊の海外派遣に多くの問題があり、介入専門部隊は準軍隊であり同時に準警察組織の連邦国境警備隊内に創設された。この介入専門部隊がブンデス・グレンツシュッツ・グルッペ・ノイン（ドイツ連邦国境警備隊グループ９：GSG９）である。

GSG９の最初の指揮官ウーリッヒ "リッキー" ウェグナー大佐（のちに准将）の「ミュンヘンの悲劇を二度と繰り返すわけにはいかない」という意志は堅かった。ドイツの判断に続き、多くのヨーロッパ諸国が介入チームの創設に向かった。

介入チームの創設を急いだ国にフランスとイギリスがある。フランスではGSG９と同様に精強で知られる国家憲兵隊治安介入部隊（GIGN）が創設された。イギリスでは、陸軍第22特殊空挺（SAS）連隊がすでに北アイルランドで対テロ活動を行なっていたが、さらなる対テロ活動能力が求められた。

ヨーロッパで対テロ部隊が創設されつつあった当時、国際テロの発生頻度が高まり、その暴力行為もエスカレートしていた。テレビによる海外ニュースの急速な普及によって、テロリストの主張や要求がより多くの視聴者に届くようになり、国際テロの発生に拍車がかかった。

ミュンヘン襲撃事件の教訓　15

　ミュンヘン事件のあとのこの時期、ヨーロッパ諸国は、テロリストの要求に屈して、身代金の支払いや犯罪者を釈放することが通常化してしまっていた。

　政府のとる宥和策(ゆうわさく)は、各国の対テロ部隊の育成や実戦投入にとって逆効果となった。多くの国の政府や政治家は、作戦が失敗に終わり、人質の殺害がメディアの手によって大々的に報道されることを恐れ、創設されたばかりの対テロ部隊を実戦に投

1970年代後半に撮影されたドイツ連邦国境警備隊の緑のベレー帽を着用したGSG9の指揮官ウーリッヒ・ウェグナー大佐（左）と、特別行動隊（SET）の隊員たち（21ページのイラスト参照）。隊員はイギリスのブリストルのボディーアーマーを着用し、左から右に12ゲージHK502ショットガン、9mm MP5A2サブマシンガン、初期型のヘンゾルト・エイミング・ポイント・イルミネーターを装着したMP5SD3消音サブマシンガン、40mm HK69グレネード・ランチャーで武装している。(Kucharz)

入することに及び腰となった。

　ほかにも対テロ部隊の実戦投入には問題があった。テロリストの制圧には、必然的に国家権力が行なう暴力がともなうため、テロリストの制圧に成功した場合でも、国民に対してどのように報告するかヨーロッパの各国政府は悩んでいた。

　SASの対テロ戦力の開発に大きく貢献し、近年に死去したイギリスのアンドリュー・マッシー大尉は1972年の報告書で「（SASによるテロ事件の解決で使われる）急襲戦術は間違いなく暴力的な場面をともない、多くの国民は嫌悪感を抱くだろう。またマスコミも好意的には取り扱わないに違いない」と記している。

ミュンヘン襲撃事件の教訓　17

1980年代初めに撮影されたイギリスのSASスペシャル・プロジェクト・チーム。列車内に突入する訓練の様子。セラミック・トラウマ・プレート用のパウチがついたブリストルの黒色アーマー（GSG9が使用した緑色のアーマーと似ている）に注目。MP5サブマシンガンのレシーバーに大型のマグライトが装着されている。装弾弾薬量20発のロング・マガジンを装備した9mm口径FNモデル・ハイパワー・ピストルをドロップ・ホルスターに入れて携帯している。

　ヨーロッパ諸国がテロリストに対して武力介入が有効だと考えるようになったのは、1976年エンテベ空港事件のイスラエルの奇襲作戦と、翌1977年のルフトハンザ機ハイジャック事件のGSG9による救出作戦の2つの作戦が成功し、この種の作戦が市民からも支持されることがわかってからである。

1970～80年代のテロ事件

　パレスチナ人を除くと、1970年代と80年代のテロリストは、世界的に見て学生の過激な無政府主義運動の影響を受けた極左・極右グループが圧倒的に主流を占めていた。現在のような

ジハーディスト（イスラム教聖戦主義者）は少数派だった。

　この時期、テロリストは共通の目的を持っていた。たとえば、1972年にテルアビブ空港乱射事件を起こした日本赤軍（JRA）は、事件を起こすことでパレスチナ解放人民戦線（PFLP）の武装闘争を支援しようとした。

　また多くのテロリストやテロリストグループがワルシャワ条約諸国の諜報機関からの資金提供を受けていたことが今ではわかっている。

　これらのテロリストは、旅客機のハイジャック、殺害をともなう政界・経済界の著名人の誘拐をたびたび起こした。ハイジャックされた旅客機は、リビアなどテロリストに同調する国々へ向かわされた。テロリストはこれらの国々で保護と金品の積極的な提供を受けた。

　これらの国々は、ヨーロッパで創設されたばかりの対テロ部隊が行動するには遠すぎた。旅客機のハイジャックだけでなく、在外公館の大使館や領事館が襲撃されて人質がとられる事件も多数発生した。

　1976年7月のエンテベ空港奇襲作戦と1977年10月のモガディシュで解決をみたルフトハンザ航空181便のハイジャック事件で対テロ作戦が成功すると、これらを境に時間はかかったものの、空港の搭乗時の検査の厳正化とあいまって、ハイジャックの発生件数は減少傾向に転じた。

　イギリスのSASによる1980年5月の駐英国イラン大使館人質解放は、テロリストによる在外公館への襲撃や占拠の抑止に大きな影響を与えることになった。

ミュンヘン襲撃事件の教訓　19

❶1980年代のドイツGSG9

1980年代前半から中ごろにかけての典型的な隊員の装備。隊員はもともとSAS のために開発されたOD色のイギリスのブリストル社製ボディーアーマーを着用 している。独特のチタン製TIG社PSH-77ヘルメットに第2次世界大戦以来、伝統 的なパターンの迷彩カバーを付けて被っている。ブーツはGSG9向けにカスタム メイドされた初期のアディダス社GSG9ブーツ。武器はヘッケラー＆コッホ (HKもしくはH&K) 社製固定銃床のMP5A2サブマシンガン。ストレートタイ プのマガジンは、のちにホローポイント弾を使用するため現在の湾曲したものに 交換された。ヘンソルド・エイミング・ポイント・プロジェクターが、レシーバ ーの上にあるH&Kクロウ・マウントを利用して装着されている。よく可視レーザ ーと間違えられるこのプロジェクターは白色光でレクティル (照準指標) を照射 する。装備しているピストルは、9mm口径のH&KモデルPSP (P7スクイズコッ カー) だ。

❶a GSG9が右胸に装着するウィング部隊章
❷1980年のイギリス第22SAS「パゴタ」チーム

黒のカバーオール (つなぎ) を着用し、S6マスクと海軍の防炎フードを被ってい る。イラン大使館占拠事件当時、使用されていたこの戦闘服は、陸軍戦車部隊隊 員の標準的な戦闘服で、テロリストを威圧するために黒に染められたといわれて いる。隊員はトラウマ・プレート・インサートのある黒のブリストル・ボディ ーアーマーをカスタムメイドのスエード製「オプス・ウエストコート」の下に着 用している。オプス・ウエストコートには弾薬とフラッシュバンが収納され、ベ ルトリグ側面のポーチにはストルノ社プッシュ・トゥ・トーク (PTT) ボタンが 取り付けられたパイ社PF1ポケットフォン70シリーズ無線機が入っている。空軍 のグラビティ (飛び出し) ナイフもリグに取り付けられている (隊員によっては 右上の袖に装着した)。メイン武装は折りたたみ式銃床付きのMP5A3サブマシン ガンで、大型のマグライトをレシーバーに装着している。「ニムロッド」作戦で使 用されたMP5サブマシンガンのうち、約半分しかこのアタッチメントは装着され ていなかった。のちにストリームライト社が製品化した武器ライトも作戦で使用 された。隊員のサイドアームは、装填弾薬量20発のロング・マガジンを装着した 9mmのL9A1ブローニング・ハイパワー・ピストルで、特徴的なドロップ・ホル スターに入れて携帯された。

❸1980年代後半のイタリアNOCS

治安作戦中央隊をはじめとして、多くの警察チームは、黒ではなく青のカバーオ ールを好んで着用した。右肩には円弧状の誇り高い国旗パッチ、左肩には「警 察」のタブとNOCSの部隊章 (後期バージョンには部隊の頭文字が入っている) が縫い付けられている。この初期型攻撃ベストは右肩のパッド、12ゲージ・ショ ットガン弾薬用のチェスト・ループ、ベストと一体型のマガジン・パウチが特 徴。持っている武器は7.62mm口径のH&KモデルPSG-1スナイパー・ライフ

ル。このライフルはセミオートマチック・スナイパー・ライフルの傑作の1つとして高く評価され、当時SAS、GSG9、スペインGEOが採用していた。
❸a NOCSの袖章

第2章
新たなテロの脅威

ビデオカメラを装着した戦闘強襲犬（CAD）とともに行動するベルギーDSU隊員のハンドラー。（P.Moorkens）

ソフトターゲットへのテロ攻撃

ヨーロッパで発生したテロ事件は、3段階に分けて考えることができる。

1970年代と80年代は、過激派とパレスチナ人グループが連携して、誘拐・ハイジャック・爆破事件などを起こし、西側諸国とイスラエルに対して揺さぶりをかけた時期だ。

1990年代になると、警察・治安機関の力とパレスチナ問題の政治的調停により、テロリズムの本質が変化し、ヨーロッパのテロリストは弱体化した。

2001年9月11日にニューヨークとワシントンで発生したアメリカ同時多発テロ事件と、その後の2004年のマドリード列車爆破テロ事件、2005年のロンドン同時爆破事件でテロリズムの状況は一変する。

アルカイダやほかのサラフィー主義者（イスラム教スンニ派の過激派）集団による自爆攻撃すらいとわない、暴力的革命残虐行為が多発し、世界を悩ませることになった。

アメリカが主導したアフガニスタンとイラクへの進攻は、結果的にイスラム聖戦運動へ飛び込む若者を増加させ、イスラム国の支援を受けた「一匹狼（ローンウルフ）」による大規模な惨事が多発する混沌とした事態を生み出した。

ムンバイ、ナイロビ、そしてパリのように、自動火器や自爆ベストで武装した複数のテロリストがホテルやショッピングセンター、そして多くの市民が集まる場所やイベントなどのソフトターゲット（攻撃が容易な一般的な標的）を攻撃する昨今の情勢から、対テロ介入部隊は「テロや銃火器による襲撃」

（MTFA：Marauding Terrorist Firearms Attack）に対する訓

フランスのGIGNが観光バスが乗っ取られた想定で行なった空陸協同での対テロ訓練（2009年）。昇降式・救出強襲システム（HARAS）を装備したシボレーSWATECアサルト・トラック、空中スナイパーチームが搭乗したホバリング中のピューマ・ヘリコプターに注目。（B.Guay）

練を強化しなければならなくなった。

　もはやテロリストは身代金や政治的要求を目的としているのではなく、多数の市民を殺傷し社会を混乱させることを狙いとしている。また最後にテロリストは殉教することすら望んでいる。

死を恐れないテロリスト

　2015年11月のパリのテロのように、襲撃が同時に複数のソフトターゲットに対して実行されることや、2015年1月の『シャルリー・エブド』襲撃事件のように、襲撃が一度で終わらず連続することが、テロの阻止活動を複雑にする。

テロリストに占拠された地下鉄を奪還する演習中のGIGNの隊員(2016年)。5.56mmのHK416と7.62mmのHK417アサルト・ライフルを携行している。中央の隊員がグロイン・アーマー下部に装着しているケミカルライトは、掃討の際、完了エリアや疑わしい物品を示すために用いる。右の隊員はEODの「爆発物防護服」の一部を着用しているようで、服装からGIGNの作戦支援隊から派遣された隊員と思われる。(M.Medina)

従来のテロリストは、犯行後人質をとって襲撃目標を占拠するか、戦闘を継続するために逃走しようとした。

　ドイツのGSG 9高官はテロの変化をこう語る。

　「自称イスラム国のテロリストは短期総力戦を仕掛けてきます。ですから私たち特殊部隊はテロリスト以上に総力を挙げて、武力を直接かつ迅速に行使しなければなりません。かつては犯罪者の情報を入手し、準備をする時間がありました。模擬建造物を使用して予行演習を行なったこともあります。しかしニース、パリ、ブリュッセルではこのような時間はありませんでした。われわれはテロの現場に急行して、部隊を突入させ、テロリストを制圧しなければなりません」（資料1、28ページ参照）

　ベルギーのDSU介入部隊の元指揮官も同じ意見を持つ。

　「私が部隊に配属になった1989年は別の時代でした。大規模介入は年に20回ほどだったでしょう。そして介入も交渉で解決できることがほとんどでした。容疑者を無力化するために武器を使用する場合は非致死性武器の使用を優先しました。言うまでもありませんが、今日、われわれが対峙するのはまったく別の人種です」

　現代のテロリストの多くは、警察との激しい戦闘で殉教することを望んでいる。

　「われわれがテロリストを拘束すると、彼らは明らかに失望します。彼らは殉教者として激しい警察との銃撃戦で最期を遂げたいのです。生きたままで拘束し、彼らの願望を断ち切ると、テロリストは大きな恥辱を受けたと感じます。あるテロリストははっきりと殺してくれと要求しました。われわれはそのようなことはしないと伝えたところ、このテロリストの表情が曇り

ました」

「テロリストが警察に向けてただちに射撃を始める、あるいは公道を逃走する場合、交渉の余地はなくなります。選択肢などはなく、われわれは瞬時に行動に移らなければならないのです。どのような手段を用いようとも、一般市民への殺傷は阻止しなければなりません。われわれは経験から一部のテロリストは爆発物を固定したベルトを着用していることを知っており、彼らはその使用を躊躇しません。またほかのテロリストは動くものすべてを自動火器で射撃します」（資料2）

テロの国際化

今日のテロリストの多くは戦争の続くシリアやイエメンなどで何らかの戦闘経験があり、少なくとも初歩的な軍事教練を受けていると考えられている。

AKシリーズのアサルト・ライフルを所持している可能性も高く、破片手榴弾の入手も不可能ではない。さらに携帯式対戦車擲弾発射機（RPG）などもバルカン半島のブラックマーケットで調達していると推測される。ボディーアーマーや自爆ベストを着用していることもあるだろう。

DSUの幹部は説明を続ける。

「テロリストは銃撃されるということがどのようなことかを経験しています。通常の介入であれば、非致死性手榴弾を使用して被疑者を混乱させます。けれどもテロリストはフラッシュバン（閃光発音手榴弾）には動じません。われわれがこのような手榴弾を投げ込めば、一般の人は恐れをなすでしょう。けれども、テロリストはたじろぐことすらしません」

2015年1月9日のダマルタン・アン・ゴエルのCTD印刷所襲撃事件で戦闘襲撃犬をともなって配置につくGIGN攻撃部隊。(F.Balsamo)

改ざんされた盗難パスポートを所持して、あるいは戦争で荒廃したシリアからの難民に紛れ、21世紀のテロリストはいとも簡単に国境を越えてヨーロッパに潜入してくる。

　2015年11月に発生したパリのテロで、テロリストは縦横無尽にヨーロッパを移動し、ベルギーにある活動拠点から行動に出た。

　「今日、われわれが対峙しているのは国際的な犯罪であることから、テロ対策は一国家の手に負えるものではありません。テロであれ、組織的犯罪であれ、すべては国際化しています。このような傾向を踏まえて、いま重要になっているのが、他国の警察組織との関係強化です」

　イスラム国やアルカイダが殺人カルトとして悪名をとどろかせている限り、このような傾向が減少するのは困難であると考えられる。

　またテロの脅威に対処するにあたり、求められるのはバグダッドやカーブルの市街地戦術であり、奪われたトラックが意図的に市民を轢き殺したニースやベルリンの2016年の事件のように、自動車による自爆テロや「一匹狼」による攻撃など、多くの訓練や活動支援を必要としないテロに対抗しなければならない。

　イル・ド・フランス地域圏で2015年1月に3件のテロ事件を起こしたアメディ・クリバリは最後の現場であるユダヤ食品店でRAID（フランス国家警察特別介入部隊）に射殺される前に不吉な予言を残している。

　「私のような男がたくさん現れる。そして私と同じ戦士が数多く戦場に登場するのだ」

❶1990年代後半のオーストリアGEK／EKOコブラ

この突撃コマンド部隊コブラの隊員は、バイザーとドット・パターンの迷彩カバーを被せた独特のウルブリヒツAM-95バリスティック・ヘルメットを着用している。サイドのバルジ（イヤーフラップ）には、ペルター社製のヘッドセットなど耳を保護できる通信機器が組み込まれている。左袖の低視認性EKO部隊章の上には大きなオーストリア国旗のタブが縫い付けてある。武器は5.56mm口径のシュタイヤー・モデルAUGアサルト・ライフルと、ストリームライトが装着された9mm口径のグロック・モデル17ピストル。

初期のGSG9とGIGNが装備して以来、ヘルメットにバリスティック・バイザー（透明樹脂製の防護面）を装備させるのがヨーロッパの介入部隊では一般的だ。バイザーは必要に応じて跳ね上げられる。バイザーは、9mm口径ピストル弾丸やショットガンの散弾を貫通させない強度があり、手榴弾やIEDの破片も防ぐことができる。バイザーの多くは、外層が破壊されながら弾丸などのエネルギーを吸収し、内層で停止させ前頭部を保護する構造になっている。バイザーの欠点は、気温や湿度によって内面が結露することや左右の視界がカットされてしまうことなどだ。NOCSなど一部の介入部隊は、バイザーの代わりにモトクロスライダーなどが用いるものに似たフルフェイス・バリスティック・マスクを使用している。

❶a フルカラーのEKOコブラ袖章

❷2001年のスペインGEO

この特殊作戦グループのスナイパーは、やや落ち着いた色合いの鷲と蛇のGEO部隊章を右肩に、フルカラーの国家警察のパッチを左肩に縫い付けている。武器は7.62mm NATO弾を使用する珍しいDSR-1スナイパー・ライフルだ。メカニズムは古典的なボルトアクション式だが、長い銃身を組み込んでも全長を短くできる銃のマガジンや機関部を引き金とグリップより後方に配置したブルパップ・タイプに設計されている。高い命中精度を得るためにフリー・フローティング・バレルが装備された。ブルパップ・タイプは長い照準が得られず、正確に照準しにくいため、光学スコープが不可欠だ。DSR-1はドイツのGSG9と一部のSEKでも採用されている。隊員の（次ページに続く）

横に置かれているのは40mm口径のHK69A1スタンドアローン・グレネード・ランチャー。CSガスや刺激性化学薬品が入ったフェレット弾を発射するために使用される。

❸1994年のフランスGIGN

このイラストはエールフランス8969便（130～131ページのイラスト参照）の主要強襲隊員の国家憲兵隊治安介入隊隊員を描いたもので、当時の戦闘服と装備品を身に着けている。黄色に着色されたバリスティック・バイザー付きのMSAガレ・アサルト・ヘルメット、青色の難燃性素材ノーメックスのカバーオール、アディダスGSG9ブーツを着用している。手にしている武器は、.357マグナム弾薬を用いる憲兵の標準装備マニューリン・モデルMR73リボルバーだ。これに加えて、9mmグロック・モデル19ピストルも携行することがある。

モデルMR73リボルバーはGIGNの主要な小型武器で、RAIDとEKOコブラも採用した。創設以来、GIGNは各隊員に2挺のモデルMR73を支給している。1挺がショート・バレル装備で、もう1挺は6インチのバレルが装備され、光学照準器を取り付ける穴が設けられている（10インチ・バレル装備で光学照準器と二脚を装着したものもある）。モデルMR73は12カ月間の訓練を受けた新入隊員のユニークな肝試しでも使用される。この肝試しは、隊員のボディーアーマー胸部に固定されたスキート・クレイ（素焼きのショットガン標的）に向けて発砲し、トラウマプレート（防弾素材）が弾を止めることを見せるテストだ。

❸a フルカラーのGIGN部隊章

最近グレーの低視認性部隊章も使用され、左袖に縫い付けられる。

第3章
対テロ戦術と装備

ベルギー連邦警察のMD-900「ラゴ」ヘリコプターから屋上に降着したベルギーDSU隊員。(P.Moorkens)

介入作戦の手順

将来のテロリストの参考にさせないため、対テロ制圧戦術の多くは紹介できない。あるいは公表すべきでないものであることは読者の皆さんにも理解していただけると思う。

しかし、一般的な戦術に関してはすでに公表されているものもあり、ここでは公表されているものを活用して解説を進めたい。

まずテロリストの立てこもり拠点に対する典型的な介入作戦がどのように展開されるかを紹介しよう。

介入部隊が現場に到着すると、目標の周囲に規制線が張られ、スナイパー・チームが高倍率の光学照準器を使用して、監視とテロリストの動きに関する情報をリアルタイムに提供するための配置につく。

スナイパー・チームからの情報とともに、介入部隊はテロリストと人質の所在場所の情報を収集するために、いくつかの機材を投入する。

多くの介入部隊は一脚の上にビデオカメラを取り付けて、窓やドアから内部の様子をうかがい、映像は指揮所にもリアルタイムに送られる。隊員が壁などを透過できるL3レンジRのよう

強行突入の演習を行なうイタリアNOCSの強襲チーム。「スタック(縦列)」の様子を正確にとらえた写真だ。シールド・キャリア(盾を持った隊員)が先頭におり、2人目の隊員は扉を破壊するショットガンを構えている。5人目の隊員はバリスティック・ブリーチングが失敗したときに備えて、ドアを叩き破る破砕槌(つち)を手にしている。チームが戦闘強襲犬2匹を前進させる準備をしているあいだ、ピストルで武装した6人目の隊員は後方や側方を警戒監視する。(NOCS)

なレーダーを利用し、室内にいる人間を探知することもある。

この小型先進機器はレーダーの反射波から対象者の「移動」や「呼吸」を識別し、スクリーン上におおよその位置を表示できる。また古くから使われている盗聴器やファイバースコープ

演習中のスペインGEOの強襲チーム（2016年）。車両はURO VAMTACで、MARS昇降式ラダーユニットが搭載されている。この車両はいわば「スペイン版ハンヴィー」だ。ライフルマン（中央）は7.62mm口径のHK417ライフルを携帯している。このライフルには照準スコープのほか、昼夜を問わず熱源を探知するサーマル照準器も装備されている。強襲隊員はバイザーをしたままで射撃できる歪曲した銃床つきのMP5サブマシンガンを手にしている。（P.Cuadra）

が仕掛けられることもある。

小型UAV（無人航空機、ドローン）が使われることも多くなり、暗視複合カメラ（熱線、暗視複合画像カメラ／ビデオ）を用いて、テロリストや人質などの画像を収集する。技術の進歩により、UAVは小型化するとともに、性能は向上し、最新型は音響の収集も可能になっている。

爆発物処理（EOD）機材として開発され、多くのセンサーが搭載可能な装輪式もしくはキャタピラー式のUGV（無人車両：ドロイド）の使用も増えている。

攻撃が決定されると、4人から5人の隊員で構成された複数の「スタック（縦列）」が目標に接近する。先頭の偵察員はバリスティック・シールド（防弾盾）を持って前進し、2人目の隊員がサブマシンガンかアサルト・カービンで先頭の隊員を援護する。3人目もしくは4人目の隊員は側方からの攻撃に備え、最後の隊員が後方の警戒にあたる。(46〜47ページのイラスト参照)

バリスティック・シールドはヨーロッパの介入チームに広く使われている。シールドにはさまざまなタイプがあり、折りたたみ可能なもの、バリスティック・ブランケット（防弾シート）や投げつけられた手榴弾に被せて被害を減少させる手段にも利用できるフレキシブルな形状のもの、突入時にテロリストの目を眩ませる白色ストロボが装着されたもの、前面に高感度ビデオカメラが取り付けられ、隊員が盾の背後からタブレットサイズのスクリーンで前方を確認できるようにしたものなどがある。

「掩蔽壕」と呼ばれる車輪のついた重量のある盾はAK-47カラ

パトリオット3MARSのランニングボード（ステップ）に立ち、目標に向かって移動するオーストリアのEKOコブラ隊員。MARSシステムは、ランニングボードを、たとえばバス窓の高さまで昇降させて、突入に最適な位置に隊員を上昇させられる。写真の隊員は9mm口径のB＆TモデルAPC9サブマシンガンで武装している。右から2番目の隊員はより重量のあるボディーアーマーを着用し、グロック・ピストルで武装している。彼はおそらく最初にドアを破る「シールド・マン」だろう。(BM.I)

シニコフ・ライフルから発射されるスチール・コア（弾芯）の7.62mm×39弾に耐えられるようになっており、突入ポイントまで攻撃チームを守るための携行遮蔽物として使われる。

2015年のバタクラン劇場の解放に使われてラシース・モジュール式3輪シールドが有名になった。しかし、ロンドン警視庁

の武装部隊が同様なシールドを銃撃戦下の負傷者を安全に救出するために、すでに1976年から使用していた。

多様な任務をこなす警察犬

攻撃部隊は警察犬とハンドラーを同行する場合がある。警察犬には戦闘強襲犬（CAD）と爆発物探知犬（EDD）も含まれている。特殊目的犬の専門訓練はベルギーのDSUが先駆者で、犬種はベルギー固有のマリノア（ベルジアン・シェパード）が使われた。

当初、特殊目的犬は爆発物探知を主任務としていたが、のちに災害時などの人間の探索にも使われるようになった。今日のCADは、背中にストラップでビデオカメラを固定してテロリストの立てこもり拠点に侵入し、偵察活動を行なうこともある。

ヨーロッパにおける対テロ部隊の多くが警察犬の使用技術を習得している。また警察犬に必要な装備を開発し、警察犬を多くの現場に投入し活用している。

現場到達に登攀やファストロープ降下が必要な場合でも、警察犬用の特殊ハーネスを利用して隊員が犬を同行させることも可能になっている。ハンドラーが警察犬を胸前にハングさせて落下傘降下できる装備もあり、高高度降下高度開傘（HAHO）降下する場合、警察犬へ酸素を供給する機材も製造されている。

フランスのGIGNの犬舎担当隊員は説明する。

「GIGNに配属となる警察犬は隊員と同じ条件で選ばれます。犬は冷静でバランスがとれていなければなりません。静粛な状態を保てることはとても重要です。警察犬は何時間もハンドラーの足元で待機し、どんなに小声であっても吠えません。警察

アサルト・ラダー（強襲梯子）を装備した改造トヨタ・ランドクルーザーに乗車したマリノア（ベルジアン・シェパード）をともなうベルギーのDSU対テロ部隊員。この部隊に特有の5.56mmファブリック・ナショナル（FN）社製モデルSCAR-Lライフルで武装している。（Collectorofinsignia）

犬は生後6カ月から18カ月のあいだに選抜され、約1年訓練されます。警察犬として活動するのは8歳までです。犬種はほぼマリノア・ベルジアン・シェパードに限られています」(資料3)

2015年11月18日早朝、テロリストが隠れたパリ郊外北部のサン・ドニ・クルビヨン通り8番のアパートにRAID強襲部隊が突入した。イラストはこの時、廊下に縦列を組んだ隊員たちと、（次ページに続く）

その武器や装備品だ。チームの先頭は、オーストリア製ラムシース3輪バリスティック・シールド。このシールドは3枚の折りたたみパネルで構成されている。AKライフルの弾丸を貫通させないこのタイプのシールドは、バタクラン劇場事件とサン・ドニの作戦で使用された。

❶アパートのドア破壊を担当する先頭の隊員は、ライトを装着したグロック17をバリスティック・シールド上に構え、シールド自体にもLEDライトが取り付けられている。バリスティック・バイザーが装着された重量のあるMSAヘルメットを着用しており、❷と❸の隊員が着用している首の保護具は着用していない。イラストには、ボディーアーマーの後部にフラッシュバンの入るパウチが描かれている。このパウチのフラシュバンは「スタック（縦列）」の後続の隊員が使用できる。左肩にはRAID部隊章が縫い付けられている。部隊章はフルカラーのものと、低視認性のものがある。

❶a RAIDの袖章

❷スタックの次の隊員はマズル（口輪）を着けたベルジアン・シェパード・マリノア戦闘犬をともなっている。隊員は、アーマー・プレート・キャリアに取り付けられたSERPAホルスターにグロック・ピストルを入れている。腰のPTT無線機の隣にはフルオートマチック射撃ができるグロック・モデル18ピストル用の装填弾薬容量33発のロング・マガジンを入れられる大型ポケットがある。

❸チームの側方を警戒する3人目の隊員。右肩には国家警察介入隊の「FIPN」タブが縫い付けられ、EOTech光学照準器を装着したロシアの12ゲージ・ヴェープル12モロト・セミオートマチック・ショットガンで武装している。カラシニコフに似た構造のこのショットガンは、伸縮式の銃床と装填弾薬容量8発のプラスチック製マガジンを装備している。脚のハーネスにはグロック・ピストルと予備マガジンを入れるドロップ・ホルスターが装着され、ホルスターのあいだに手錠ケースが付けられている。

❹4人目の隊員は、広い視界を得るために、ほかの隊員から少しだけ後方に離れて続き、チームの周囲を警戒する。彼は周囲の警戒にあたり、突入しないのでオプス・コア社製の軽量ヘルメットを着用している。アメリカのトリジコン社かEOTech社製の6倍光学照準器を装着した7.62mmのHK417バトル・ライフルで武装している。

対テロ部隊の特殊車両

テロ介入部隊は特殊な装備の車両を使用して目標に接近する。一般的に使用される車両はGIGNも使用しているシボレーSWATECで、HARAS（昇降式救出・襲撃システム）を装備している。(165ページのイラスト参照)

HARASは大型民間旅客機の搭乗口と同じ高さの地上8.65メートルまで上昇でき、部隊が突入するときのプラットフォームとして活用できる。HARASは折りたたみ式の装甲フロアパネルが組み込まれており、このパネルをはずして立てて防弾シールドとして利用できる。

2013年にGIGNは「フランス版ハンヴィー」として知られるルノー社製シェルパ4輪駆動車の軽装甲兵員輸送車両の派生型も調達した。有名なアメリカ製ハンヴィーと外観は似ており、装甲に護られた車内に10人の隊員が搭乗できる。外部に追加人員の輸送を可能にするステップがあり、ルーフにHARASも装備されている。この車両は2015年にダマルタン・アン・ゴエルの包囲作戦で初めて使用された。

ロンドン警視庁の銃器部隊SCO19は、2002年からフォードF450ピックアップトラックをベースにしたジェンケル・ガーディアンを使用し始め、1979年から使用してきた装甲ランドローバーとの更新を進めている。

2017年3月22日のロンドンテロ事件発生後に市内を走り回る姿が目撃されたジェンケルは、車両重量7トンで、ルーフのハシゴと外へ大きく張り出したステップが特徴だ。この車両は銃撃下で部隊が目標に接近する場合に備えて厚く装甲されている。

ドイツのGSG9は特殊任務用に改造されたランドローバー・

テロリストの立てこもり地点へ機動突入訓練中のオーストリアのEKOコブラ。MARSシステムを伝ってMOEチームが進み、チームを率いるMOE隊員が専用工具を使用して窓ガラスを破壊している。先頭の隊員を援護する2番目の隊員は5.56mm口径のシュタイヤー・モデルAUGライフルで武装し、3人目の隊員は9mm口径のモデルAPC9サブマシンガンで武装している。(BM.I)

ディフェンダーを数種類保有しており、車両はルーフ上にプラットフォームと高さ調節可能なステップを備え、乗っ取られたバスや鉄道車両の窓から攻撃部隊が突入するのに最適な高さに調整できるようになっている。

　GSG 9やSASのような一部の介入部隊には専属のヘリコプターを保有する特権が与えられている。これらのヘリコプターは、隊員がファストロープ降下したり、現場周辺の上空を旋回飛行し、スナイパーが空中からターゲットを監視するために活用される。

　GIGNとGSG 9の両介入部隊はケープウェル・エリエル・システムズ社製AirTEP（空中戦術離脱プラットフォーム）を状況に応じて使用する。(165ページのイラスト参照)

　この折りたたみ式のプラットフォームはケブラー索で作られ、傘をさかさまにしたような構造になっている。ヘリコプターに吊り下げ、降下させることができる。直径3メートルに広げて使用し、最大10人まで乗せることができる。

　GIGNとGSG 9は、主に救出した人質や負傷者を素早く移送するためにAirTEPを使用するが、攻撃チームを地上から到達困難な場所へ送り込む訓練も行なっている。

突入するための特殊機材
　さまざまな接近方法を用いて攻撃チームが指定された突入孔に到達すると、チームはドアの前で待機し、強行突入を行なうための配置につく。

　突入孔を確保する専門訓練を受けたブリーチャー（突入孔要員）が、多種多様な突入用具と技術を用いて突入孔を作る。突

破砕槌（つち）を準備中のEKOコブラ隊員。特徴的なドット・パターン迷彩のカバーをウルブリヒツAM-95バリスティック・ヘルメットに被せている。ボディーアーマーの上にロードベアリング・ベストとモジュラー・アーマー・アッタチメントを装着している。（BM.I）

入方法（MOE）には、機械的、爆発物使用、サーマル、バリスティックなどの方法がある。

　機械的な突破には、空気圧や油圧式の機械が使われ、リベルヴィット・ドア・レイダーのような器具は強化されたドアであっても、大きな騒音を立てることなく、数秒でドアフレームを変形させて鍵を無効にし突入孔を作り出す。

　ブービートラップ（仕掛け爆弾）を回避し、介入隊員の安全を確保するため、最新の機材は遠隔操作ができるものが増えた。遠隔操作できる無人車両（UGV）や戦闘強襲犬（CAD）を

まず進入させ、攻撃部隊が突入する前にリアルタイム映像で偵察することが可能になっている。

機械的突破器具の対極に位置するのは、より一般的な器具で、エンフォーサーのような破砕槌やバールに似たハリガン・ツールが人力でドアをこじ開けるのに使われる。

大型の単純なハンマーもドアを粉砕するために使われることもあるが、多くの場合ハンマーは予備機材として現場に持ち込まれるだけだ。

とくに強化窓ガラスを破砕するために、ピッケルと似た形の特殊工具も使われる。この特殊工具はすべての種類のガラスを破砕でき、窓枠に残ったガラスを取り除くためにも使用される。

オーストラリアのEKOコブラなどの部隊はガラス破砕用スパイクのついた特殊シャベルを使用して窓ガラスを破砕する。

「バン・ポール」と呼ばれる伸縮可能なアルミ製ポールもある。このポールは、一端にガラス粉砕器具とフラッシュバン（スタングレネード）が装備され、窓を破ると同時にフラッシュバンを室内に投入できる。

EMOE（爆発物を使用した突入）は、爆薬（成型炸薬）を枠組みの中に組み込んだフレーム型の爆発物を使用することでドアを破壊したり、壁に穴を開けて突入孔を作成する突入方法だ。

EMOEを用いれば、壁、天井、床に突入孔を開けけることが可能で、介入チームは、建物のどの方向からでも目標に突入できる。

フレーム爆発物に代わる方法として、イスラエルのサイモン・デザインのようなドアを破壊する指向性の爆薬を組み込んだ特殊ライフル・グレネードがある。このグレネードを使用す

フランスのRAID強襲チームの訓練で、ドアを破る準備をしているMOE隊員。MOEパック(突入用器材パッケージ)には、ハリガン・ツール(アメリカの消防用に開発されたドア開放器材)やボルトカッターからブラックホーク・インダストリーズ社製の大型ハンマーに至るまで、さまざまな破壊工具が収納されている。(RAID／DGPN-SICOP)

ると、安全な距離からのドアの破砕が可能になる。ほかにもバン・ポールの派生型ともいえる伸縮可能なポールにフレーム爆発物を取り付けて上層階のドアや窓を破る方法がある。

　サーマル・エントリー(熱突入)とは、酸素ランス切断のように酸素アセチレン溶断機を使って金属製のドアを焼き切って突入孔を作る、ごく普通の方法だ。この手段は、EMOEが安全上使用できない場合や、海上対テロ作戦(MCT)で、爆発が誘爆を引き起こして大惨事につながる可能性がある海上油田プラットフォームのケースなどを除いてまれにしか使われない。

　最後のバリスティック・ブリーチングは、ショットガン(散

対テロ戦術と装備　55

HARASシステムを使用してハイジャックされた航空機へ接近する訓練中のイタリアのNOCS襲撃隊員。写真の後方に目立たない塗装のバンが数台駐車し、車両からも隊員が展開しようとしている。これらの隊員はおそらく警戒線を設定し、解放された人質の受け入れをするのだろう。別の強襲チームもタラップを使用して、航空機へ近づこうとしている。(NOCS)

弾銃)を使う破砕法だ。この突破法は12ゲージ・ショットガンでハットン特殊ショットガン弾薬を使用して行なう。

通称ハットン弾薬は、初期のメーカー名にちなんで名づけられた。金属粉をワックスで固めたこの破砕弾は、命中すると四散するが、その前に弾丸のエネルギーで鍵やちょうつがいを破壊する。弾丸が命中後に四散し金属粉に戻るので、人質が近くにいても比較的安全に使用できる。

この弾薬は車両のタイヤを素早くパンクさせるのにも有効だ。ドアの破壊は、普通の12ゲージ・バックショット散弾(大粒の鉛散弾)やサブマシンガンの短時間連射でも可能だ。

　SASは1980年のニムロッド作戦(在英イラン大使館占拠事件)で、サブマシンガンを使ってドアの破壊を実際に行なっている。しかし、これらの実弾を使用した破砕方法は、周辺の市民に危害を及ぼす可能性が高く、ハットンや類似の特殊弾薬を使用するほうが安全を確保できる選択肢だ。

　イギリスのSCO19は、隊員がハットン銃と呼ぶ12ゲージのベネリMショットガンを装備している。こう呼ばれる理由は、このショットガンが通称ハットン特殊弾薬を用いて鍵やちょうつがい、タイヤを破壊するため使用されるからだ。

ハイジャックされた航空機への突入・強襲訓練を実施するGIGN隊員（2009年）。ハシゴを昇る第1次攻撃隊員は狭い機内の銃撃戦に有利なグロック・ピストルで武装。機体の下には第2次攻撃隊が待機している。（A.Jocard）

攻撃の手順と人質確保

突入が成功すると攻撃チームは、テロリストの注意力をそらすさまざまな装備を活用して短時間だが、突入後の優位性を確保する。

注意力をそらすための装備には、窓やドアを貫通できる40mmや12ゲージの催涙ガス弾丸やとうがらしなどの刺激物スプレーがあり、フラッシュバンの通称で知られるスタングレネードとともに使用される。

現用のフラッシュバンは複数回爆発し、攻撃チームが突入する際に連続して8〜9回爆発して爆音と閃光を発し、テロリストを苦しめ、視覚や聴覚を混乱させる。

フラシュバンが爆発すると複数の隊員がすぐさま部屋に突入し、各グループに割り当てられた区画を掃討する。ただちに降伏しない、あるいは投降が視認できないテロリストとは交戦する。

すべてのテロリストの所在が明らかになるまで、人質の救護は行なわれない。後続チームが人質を現場から「人質受け入れエリア」へ素早く移送し、このエリアで身元の確認と応急手当が行なわれる。

掃討が完了した部屋には赤外線やケミカルライトが置かれ、発光色によって後続チームが安全の確認を行なえ、即席爆発物（IED）やブービートラップの有無を視認できる。

多くの部隊には部隊直属の爆発物処理隊員が同行しており、自爆ベストなどが発見された場合に安全の確保を行なう。

筒状目標の強襲演習で列車内の掃討を行なうイタリアのNOCS隊員。隊員はバイザーの付いたMSAギャレット・ヘルメットを被っている。武装はエイムポイントを装着したMP5サブマシンガンとライトが取り付けられた9mm口径ベレッタ・モデルPX4ストーム・ピストル。この部隊はグロック以外のピストルを使用する数少ない対テロ部隊の1つで、伝統的に国産のベレッタとフランキを使用してきた。(NOCS)

突入後6秒以内に制圧！

　一般的な戦法は、ターゲットの種類や場所によっては困難となる。航行中の船舶、石油やガスの海上プラットフォームの人質救出は、作戦の調整が最も困難なもので、さまざまな侵入方

対テロ戦術と装備　61

2014年にパリで行なわれたバス奪回訓練中のRAID隊員。バスの後部窓は専用器具で破砕されており、ここからフラッシュバンが投げ込まれる。前部ドアからは突入部隊が車内へ突入する。(T.Samson)

法を組み合わせて実行される。

船舶の場合、まず特殊潜水チームが舷側に襲撃ハシゴをかけて密かに登り、攻撃前の偵察を行なう。攻撃の際、攻撃部隊は小型高速ボートで接近したり、ヘリコプターから甲板へファストロープ降下する。

ヘリコプターに搭乗したスナイパーは介入部隊の突入を上空から援護する。

鉄道車両、航空機、バスへの突入はそれぞれに固有の難しさがある。介入部隊は筒状や細長い形状のターゲットを攻撃する訓練を受けており、突入の際、テロリストが人質に危害を加えたり、爆発物を起爆させる前に、制圧できるよう最大限のスピードと奇襲性を体得している。

バスの突入作戦は、次のように行なわれる。前述した特殊介入車両で接近し、部隊員が窓ガラスを破砕し、テロリストの注意力を奪うスタングレネードなどを投げ込む。射手に指定された隊員はテロリストを射撃して無力化し、ほかの隊員が車内に突入して人質の救出にあたる。

航空機が対象の場合は、作戦に特有の戦闘方法が必要となる。1977年にドイツのGSG9がモガディシュで行なったルフトハンザ181便の解放や、1994年に南仏マルセイユで行なわれたエールフランス8969便ハイジャック犯に対する攻撃などが、この戦闘方法の大きな成功例だ。これらの作戦の詳細については後述する。

この2件の対ハイジャック犯攻撃では陽動作戦が実施され、最大数のテロリストが作戦開始のときまでに客室におびき出されている。マルセイユのケースではスナイパーが銃を持ったテ

ロリストを狙撃した。2件とも、複数の突破孔からより多くの介入部隊員が可能な限り迅速に機内に突入することで、テロリストが人質に危害を加える危険性を極小化した。

現代の戦術は、当然これらのケースより進化したものになっている。しかし、介入作戦時に、奇襲性、展開スピード、攻撃性でテロリストを圧倒することに変わりはない。

ここ40年間の技術的な革新と訓練により、テロリストの立てこもり地点に到着し作戦を展開する時間は大幅に短縮され、より人質の安全を確保できるようになった。

現代の介入部隊は、突入後6秒以内に制圧することができるよう、多くの異なる機種の民間旅客機で訓練されているという。わずか6秒というのは、驚異的な数値だ。

介入チームの訓練

すべての介入部隊がほぼ同一の採用基準で候補者を選別している。通常、介入部隊の隊員の年齢は30代半ばかそれ以下であることが求められる。

候補者は軍や警察部隊での勤務経験（最低でも2年から3年が一般的だ）と懲罰記録がないことが求められる。一定の身体能力をもち適正と心理テストに合格する必要がある。1次試験の合格者は厳しい2次試験で、さらに選抜される。2次試験の多くは、英国のSASと同様の過酷な選抜課目を課している。

合格者は部隊へ配属されるまでに3カ月から1年以上にわたる厳しい訓練を受けなければならない。イタリアのGISでは市街戦、射撃、車両高速運転、身辺警護、徒手格闘、救命術などの基礎訓練を修了したのちに、戦闘潜水、狙撃、偵察、監視、落下傘降下の6カ月にわたる専門訓練に進む。ドイツのGSG9では10カ月の基礎訓練課程を修了しなければ、専門訓練が行なわれる3個戦闘隊へ配属されることさえない。

対テロ戦術と装備　65

第4章
ヨーロッパの対テロ部隊

建物への突入訓練を行なうルクセンブルクの警察特殊部隊USP。先頭の2人が破砕槌でドアを破壊しようとしている。(P.Moorkens)

アイルランドの対テロ部隊

　アイルランド共和国の対テロ部隊は、ガルダ・シーハーナ国家警察の非常事態対処隊（ERU）と陸軍のレンジャー・ウィングだ。ガルダ・シーハーナ国家警察は、ベルギーのESIとドイツのGSG 9 の影響を強く受けて1977年に特別任務部隊を創設した。

　特別任務部隊は1984年までに対テロ専門部隊となり、1980年代後半にERUと改称され、PIRA（暫定アイルランド共和国軍）のテロ活動撲滅に取り組んだ。

　この部隊は、銀行強盗でテロ資金を調達しようと企んだ多くのテロリストを殺害した。最も有名な戦果は爆発物を搭載した大型トラックの行動を阻止したことだろう。ERUは1999年と2004年に２カ所のテロリスト訓練キャンプを襲撃し、テロリスト20数人を逮捕した。

　レンジャー・ウィングは1980年に創設された陸軍の対テロ部隊である。その後イタリアのGISと同様に任務が急増し、現在、特殊戦のすべてを引き受けている。

イギリスの対テロ部隊

　イギリス国内でのテロ事件は警察が主導して解決にあたる。ロンドンと首都圏でのテロに対しては、ロンドン警視庁のSCO19が地方銃器部隊の支援を受けて対テロ介入を行なっている。必要となれば、イギリス軍の特殊空挺部隊（SAS）、特殊舟艇部隊（SBS）、特殊部隊支援群（SFSG）などが支援にあたる。

　イギリスの特殊部隊は、主に海外で起こるテロに対する対テロ作戦を任務としている。ところが、過去の事例から見ると、

最近までSASがイギリス国内で起こった主要なテロの対テロ介入を行なっていた。(SASの対テロ作戦史は拙著『SAS―1983〜2014年（並木書房近刊）』に詳述しており、ここでは主要な活動のみ紹介)

　1972年にミュンヘン・オリンピック事件が起こると、SASはその数日後に「パゴダ（仏塔）」作戦と名づけられた新たな対テロ戦闘プログラムを開始した。連隊の対革命戦団（CRW）がこの任務にあたった。

　主に身辺警護班から数週間で集められた20人の兵士で対テロ部隊が編成されて訓練が始まった。訓練は関係者がキリングハウスと呼ぶ、ポントリラス陸軍演習場内に建てられた6部屋の市街地戦訓練建造物で行なわれた。

　この施設は360度の全方向からの実弾射撃訓練が可能になっている。何度も改修を重ね、現在では移動できる壁や家具が装備され、さまざまな想定に沿った事件現場を再現できるようになっている。備え付けのカメラが訓練の様子を録画し、すぐに訓練の講評を行なえる。

　キリングハウスでの訓練は、常に実弾が使用され、実際に人間が人質役を務めることも多い。王室メンバーを含むVIPは、自分が人質にとられた場合、SASが介入して何が起きるかをここで疑似体験する（ここでの訓練で故ダイアナ妃はフラッシュバンによって髪の毛を焦がし、新しい髪型にせざるを得なかったのは有名だ。妃の新しいヘアスタイルは当時のファッション誌を賑わせた）。

　優れた洋上行動技術を備えたSBS（特殊舟艇部隊）が洋上対テロ対応に最適と判断され、洋上での対テロ任務はSBSが担当

することになった。兵員数が限られたSASの対テロ部隊だけで
は陸上と水上の両方の対テロ任務をこなせないことも理由のひ
とつだった。

イギリス海兵隊も独自に洋上対テロ部隊、コマンチオ中隊を
編成して、北海の洋上石油採掘ステーションや船舶で起きるテ
ロに対するSBSの支援体制を整えた。

SASの最初の実戦投入は1975年1月7日だった。ステンステ
ッド空港で旅客機がハイジャックされ、SASが警察を支援する
「スノードロップ（待雪草）」作戦が発動された。襲撃チーム
は、この作戦で発砲することなくイラン人のハイジャック犯を
いとも簡単に制圧し逮捕した。

さらに重要な作戦が同じ年の12月上旬に行なわれた。アイル
ランド共和軍（IRA）暫定派武装組織のメンバー6人の中の4
人が、メリルボーンのバルカム通りのアパートに2人の住民を
人質にして立てこもった（4人は非武装の巡査1人や家族の前
で殺害されたジャーナリストのロス・マクワーターなどいくつ
かの殺人を犯していた）。

ロンドン警視庁のD11銃器部隊が現場に出動したが、実際の
制圧行動は、イギリスの一般行政当局への軍事的援助法に基づ
いてSASが行なうことになった。

12月12日の夕方、SASが現場に到着したニュースが流れる
と、ニュースを見ていたテロリストはすぐに降伏した（のちに
テロリストは7人の殺人容疑で有罪判決を受けた）。

1980年5月5日、SASは世界中から注目を浴びることにな
る。ロンドン中央部にあったイラン大使館で人質救出作戦「ニ

2015年のヨルダン国内の演習で撮影されたと思われるイギリスのSASスペシャル・プロジェクト・チーム。中央はアブドラ・ヨルダン国王。チーム隊員は、黒のクレイ戦闘服、オプス・コア社製のヘルメットを着用。最近支給されたコルト・カナダ製L119A2アサルト・ライフルで武装している。シミュニッションの訓練用ペイント弾から顔を守るフェイスマスクを着用している。(監訳者注：2019年2月、親日家の国王から旧日本軍の九九式軽機関銃が安倍首相に贈られ話題となった) (private collection)

ムロッド」が発動したのだ。

　この事件は4月30日にイラクの支援を受けたイラン人テロリスト6人が、外交官警護グループの制服警察官1人を含む26人を人質にイラン大使館を占拠したことで始まった。

　首相と内務大臣の合意により、事件に対処する指揮権がSASに移された。人質が殺害されたため、その時点で特別プロジェクトの当番だったSAS連隊のB中隊が大使館内に突入することになった。

　陽動作戦と意図的に作り出された混乱のなか、SASの隊員は

複数の突入孔から大使館に侵入し、マニュアルどおりの方法で大使館の各部屋の掃討を行なった。突入作戦の結果、1人を除くテロリスト全員が射殺された。

現在、イギリスの特殊部隊は、6カ月ごとの交代制を採用している。第1次任務指定隊と第2次任務指定隊の2班が、国軍対テロ部隊と特別プロジェクトチームとして、出動要請に備えている。この交代制ローテーションは、SAS、SBS、特殊部隊支援群（SFSG）のあいだで組まれている。

前述のように、イギリス国内で起きたテロ事件に対しては、常に警察が優先して対応する。軍の対テロ部隊は、事件が警察の対処能力を超える事態にのみ出動する。

警察の対テロ任務は、ロンドン警視庁の銃器隊が第一線に立って行なう。創設されてから50年間さまざまな名称で呼ばれてきたこの部隊に対テロ戦任務が課されたのは1975年だった。当初の任務は包囲警戒部隊として活動することとされ、テロリストの対処はSASの到着を待つことになっていた。

現在SCO19と呼ばれるこの部隊は4隊で編成され、テロ事件が発生するとそれぞれに役割が与えられる。

通常、初期対応は武装即応車（ARV）に乗車した3人の隊員で、無線符号は「トロイ」となる。武装即応車は銃器の使用要

BMWオートバイの横でポーズをとるロンドン警視庁SCO19のCTSFO隊員。アークテリクス社製のウルフ・グレー最新戦闘服とC2R社製C2RMORプレート・キャリアを着用し、5.56mm口径のモデルSIG516ライフルで武装している。75ページのイラストと比較してほしい。最近、SCO19は小型の5.56mm口径モデルSIG MCXカービンも調達した。このカービンは折りたたみ式のストックを装備している。ヘルメットにはチームのアルファベットと個人番号が記されており、袖章にも個人番号と所属部隊識別色が表示されている。2017年5月のマンチェスター・アリーナにおける爆発物事件以降、イギリス特殊部隊（UKSF）と陸軍高脅威対テロ爆発物処理（EOD）部隊が、警察を支援することになった。黒のクレイ戦闘服とマルチカムのプレート・キャリア、オプス・コア特殊作戦戦術レスピレーター（SOTR：空中浮遊有害微粒子から粘膜や呼吸器を保護する濾過マスク）を着用し、頭部を銃弾から守るためのMSC超軽量アーマー・アップリケ・プレート（SLAAP）を追加したオプス・コア・ヘルメットを被った兵士の姿が目撃されている。（Metropolitan Police）

ヨーロッパの対テロ部隊　73

請に備えて、昼夜を問わず常時、複数台が市内を巡回している。トロイ予備隊が火力支援と地方警察への助言を担当する。

以前、銃器専門警察官が行なっていた多くの任務は、SCO19の戦術支援チームに引き継がれた。この戦術支援チームは、対テロ戦闘や犯罪者による立てこもり事件対処などに必要とされる技術の訓練を受けている。

最後の部隊が対テロ専門射撃手（CTSFO）部隊で、この部隊はイギリス軍特殊部隊（UKSF）と同じ装備で、同等の訓練を受けている。

現在、イギリスで起こる国内のテロ事件に対して、CTSFOが主導して対テロ介入にあたる。イギリス国内テロに対処する対テロ介入の主導権はCTSFOにあり、SASやSBSではない。

イギリスの警察官の武装は、2016年にパリとベルギーで発生した多発テロ事件以降さらに強化された。「ヘラクレス」作戦では、武装部隊として600人の警察官が投入された。

イギリス全土の武装警察部隊は国家対処計画のもとに統合され、小規模な地方警察チームでも対テロ任務を遂行できるなど、国内全土で行動が可能になっている。

---

❶イギリス第22SAS「パゴタ」チーム
1980年当時の服装が描かれた21ページのイラストと対象的に、これは最近の兵士が描かれている。スペシャル・プロジェクト任務に従事する際に黒のクレイ戦闘服を着用している姿が目撃されており、イギリス国内の対テロ演習で隊員がアンダー・ボディーアーマー戦闘シャツ（UBACS）の上にクレイ・マルチカム戦闘服を着用している姿も目撃にされている。イラストの隊員が着用しているヘルメットはオプス・コア社の製品のようで、ヘルメット後部に赤外線ストロボ、前部に暗視ゴーグルが装着されている。ボディーアーマーの役割（次ページに続く）

を果たすプレート・キャリアはクレイ・プレシジョン社のマルチカム
迷彩ジャンパブル・プレート・キャリア（JPC）だ。背中に応急処置
キット（IFAK）が収納され、ケミカルライトをビニール袋に入れて左
に提げている。武装はコルト・カナダ製の5.56mm口径モデル
L119A2アサルト・ライフル。ライフルは、可変倍率のトリジコン新
型戦闘光学照準器（ACOG）、予備の近距離用レッド・ドット照準器と
新型ターゲット・ポインター・イルミネーター照準レーザー（ATPIAL）
を取り付けてある。バックアップは装填弾薬量20発のロング・マガジ
ンを装備した9mm口径のグロッグ19ピストルで、サファリランド
ALSと思われるホルスターに収納し携帯している。

❷フランスGIGN

2015年1月の『シャルリー・エブド』襲撃事件のあとでダマルタン・
アン・ゴエルに出動した国家憲兵隊隊員。犯人のクアシ兄弟はGIGNに
自殺攻撃を仕掛けたが射殺された。隊員はアークテリクス社製の紺色
カバーオールとGSG9ブーツを着用している。描かれた隊員は兄弟の
逃亡阻止チームの一員で、40mm口径のミルコール・モデルMGLグレ
ネード・ランチャーと5.56mm口径のモデルHK416アサルト・ライフ
ルで武装している。モデルHK416アサルト・ライフルにはエイムポイ
ント光学照準器（前方に装着されることが多い）と3倍の倍率拡大鏡
が装着されている。

❸ロンドン警視庁SCO19のCTSFO隊

このイラストの隊員はSCO19内に最近組織された対テロ専門射手部隊
（CTSFO）のスナイパーだ。アークテリクス社製のウルフ・グレーの
戦闘服の上に、ロンドン警視庁の袖章が縫い付けてある。この袖章は
中央にチーム内での隊員番号、左下に所属部隊が色で表示されている
（巡査部長や警部補などの階級は山形のシェヴロンの階級章で示され
る）。戦闘服の上にイギリス・ヘレフォードのC2R社で製作された
C2RMORプレート・キャリアを着用している。C2R社はイギリスの
特殊部隊にも同様の製品を納入している。SCO19は狙撃精度の向上の
ため、スナイパー・ライフルをイラストのボルトアクション式アキュ
ラシー・インターナショナル社製7.62mm口径のモデルAT308ライフ
ルに交換した。モデルAT308ライフルは、短い20インチのバレル
（銃身）を装備している。ピストルはグロック・モデル17でサファリ
ランドのドロップ・ホルスターで携帯する。

イタリアの対テロ部隊

イタリアは2つの対テロ部隊を保有している。国防省所属の国家憲兵隊（カラビニエリ）の対テロ部隊が特殊介入隊（GIS）で、国家警察の対テロ部隊が治安作戦中央隊（NOCS）だ。

GISは1978年に創設され、海外での対テロ対処を主な任務にしている。航空機ハイジャックなど一部の国内の対テロ任務も担当する。任務が2004年から大幅に拡大され、GISは、対テロ対処だけでなく、多くの特別な任務を行なう特殊部隊へと変化した。

現在の部隊は、隊員数が約150人、3つの介入部隊とスナイパー班1つで編成されている。隊員はカラビニエリの空挺大隊か

アメリカ海軍の艦上で海上テロ演習に参加中のNOCS隊員。強襲カバーオールの下にCBRN完全防護服を着用している。（US Navy）

ヨーロッパの対テロ部隊　77

1980年後半に撮影されたNOCSの写真。当時の最新型の武器や装備品とNOCS隊員が写っている。隊員の武器は消音のH＆KモデルMP5SD3サブマシンガン、ベレッタ・モデルPM12-S2サブマシンガン、12ゲージのSPAS-12とSPAS-15ショットガンだ。これらのショットガンはポンプ・アクションとセミオートマチックの両方で連発できる革新的なものだった。（NOCS）

ら募集されて選抜される。

1985年にアキレ・ラウロ号事件が発生すると、GISは米海軍シール（SEAL）チーム6とともに共同襲撃作戦に備えて待機した。イタリアの極左テロリスト集団の「赤い旅団」との戦いでもGISは大きな役割を果たした。

1980年に起こった刑務官を人質にしたトラーニ刑務所暴動の鎮圧行動で、GISは一躍有名になった。バルカン半島、イラク、アフガニスタンに派兵されて海外任務の実績もある。

国家警察の対テロ部隊NOCSの主要な任務は、イタリア国内の対テロ処理だ。1974年にヌクレウス・アンチコマンドの名称で創設されたこの部隊は、警察対テロ局に戦術面で協力した。1978年に隊員が50人に増員されてNOCSと改称された。

NOCSが創設当時に着用していた革製のヘルメットに由来して、部隊は一般に「レザーヘッド」と呼ばれる。部隊のモットーは、「夜の静けさ」を意味するラテン語の「Sicut Nox Silentes」。

「赤い旅団」のテロリストに対して、NOCSは1970年代と1980年代に10件以上の作戦を実施した。1982年に実施された「ウィンター・ハーヴェスト（冬の収穫）」作戦が最も有名だ。この作戦でNOCSは誘拐されていたジェームス・ドジャー米陸軍准将の解放に成功している。

1990年からは任務に政府要人と施設の警護も含まれるようになった。現在、NOCSは5隊で編成されており、4隊が介入を任務とし、残りの1隊が要人と重要施設の警護を任務としている。

NOCSには戦闘潜水員チームと警察犬チームがあり、落下傘による自由降下（スカイダイビング）の訓練も受けている。

NOCSの現在の隊員数は140人。国家警察爆発物処理班（EOD）やマークスマン（選抜射手）部隊とともに新たに創設されたイタリア特殊作戦局の一員となっている。

オーストリアの対テロ部隊

オーストリアの対テロ部隊は、内務省特殊部隊局に所属する突撃コマンド部隊（EKO）だ。部隊員はオーストリア連邦警察から募集され選抜される。最初この部隊は突撃コマンド憲兵隊（GEKコブラ）の部隊名で1978年に創設された。部隊名は2002年にEKOコブラに改められた。

GEKコブラの母体は憲兵隊コマンド（GK）。GKはソビエトからのユダヤ人移民をパレスチナによるテロから警護することを目的として1973年に設立された。

GKの初出動は、1973年9月。ソビエトからのユダヤ人移民を乗せた列車がパレスチナのテロリストに襲われた事件だった。GKが現場に送り込まれたものの、オーストリア政府は救出方法が政治的論争を巻き起こすことを嫌い、GKの介入作戦をとらず、平和的な解放策を選んだ。GKに活躍の機会はなかったが、この事件により部隊の存在が広く知られるようになった。

2年後の1975年にウィーンの石油輸出国機構（OPEC）本部で石油相会議が開かれると、ベネズエラ人テロリスト、カルロス・ザ・ジャッカル（本名：イリイチ・ラミレス・サンチェス）とパレスチナ解放人民戦線のテロリストによって襲撃された。

GKが出動したが、この時もオーストリア政府は武力介入を行なう決断力に欠けており、介入行動をとらなかった。その結果、多くの市民が殺害され犠牲となった。オーストリア政府は身代金

ヨーロッパの対テロ部隊　81

を支払い、カルロスとテロリストは自由の身となり逃亡した。

　1978年になると、テロがヨーロッパで多発するようになり、各国は従来の対応を改めざるを得なくなる。GSG9のモガディシュ、イスラエルのエンテベにおける「サンダーボルト」作戦の成功を見たオーストリア政府は、GKを対テロ実力行使部隊に改編し、突撃コマンド憲兵隊（GEK）と改称した。部隊は、GSG9やイスラエル軍特殊部隊サイェレット・マトカルと密接な関係を結ぶことになった。

　GEKは、人質の解放や武装犯罪・テロ容疑者の拘束だけでなく、航空保安や政府高官と在外公館の警備を担当することになった。

　GEKは乗っ取られた船舶、列車、バスなど、ほぼすべての交通機関への高い突入能力で知られている。これら多くの任務を遂行するため、戦闘潜水要員やパラシュート降下の専門チームも創設された。

　山岳国オーストリアらしく、GEKの登攀や高所におけるロープを使用した戦闘技術も高く評価されている。

　1996年10月にGEKによって実行されたハイジャック制圧は、航空保安の任務成功の好例だ。4人のGEKの隊員が犯罪者を護送するためロシア機に搭乗していた。この機内でナイフ武装したナイジェリア人がコクピットに侵入した。

　GEKは素早くハイジャック犯を制圧した。ハイジャック犯に

　　▶船舶内への突入を準備する海上対テロ（MCT）演習中のEKOコブラの戦闘潜水員。バリスティック・ヘルメットでなく軽量のプロテック山岳ヘルメットを着用している。背中にスイスのB&T（ブルッガー＆トーメ）社製のモデルAPC9サブマシンガンを装備。このサブマシンガンはバイザーを装着したまま使用できる特殊なストックが装着され、右利き、左利きを問わない操作性をもっている。アクセサリー・レールにライトやとレーザー照準器を取り付けることも可能。銃には部隊ロゴも刻印されている。（BM.I）

政治的な背景はなく、犯罪的なものだった。これは対テロ部隊が飛行中の航空機で事件を解決した唯一の例であり、ロシアのプーチン大統領はその栄誉を称えて隊員にメダルを贈った。

2011年9月11日、アメリカ同時多発テロが起こると、オーストリアは2002年に自国の対テロ能力の再検証を行なった。その結果、組織の再編成を行なうことにした。

連邦警察局のMEKに所属していた市街地作戦と地方作戦にあたるSWAT13チーム、機動突撃コマンド部隊と国家突撃コマンド憲兵隊のSEG（特殊作戦グループ）の8チームが突撃コマンド憲兵隊（GEK）に統合され、訓練と装備品も統一された。

この組織再編で統合されたオーストリアの対テロ部隊の部隊名はEKOコブラとなった。

指揮系統が2013年に再編され、対テロ捜査チーム、爆発物処理チーム（EOD）と監視チームがEKOと同格の部隊になった。

この再編により、オーストリアの対テロ部隊の隊員数が700人以上になり、国内全土の保安活動が可能になった。EKOの出動回数は桁違いに多く、2015年だけでも1052件の戦術作戦を実行し、1800件以上の警護任務にもついた。

首都ウィーンにはウィーン警戒タスクフォース（WEGA）が配備され、テロではない立てこもり事件や治安維持を担当している。この部隊はコブラの支援任務につくこともある。

オランダの対テロ部隊

　オランダ王室海兵隊の特殊支援隊（BBE）はミュンヘン・オリンピック事件の発生を受けて1973年に創設された。BBEは2006年に海兵介入隊に改編されたが、いまだにかつての部隊名の方が一般によく知られている。

　初出動は1974年で、暴動が発生した刑務所から多数の人質を救出した。最初の対テロ作戦への出動は1977年6月だった。実施した作戦は対テロ戦の参考事例として、今後も研究の対象となるであろう。

　1977年5月、南モロッコ人テロリスト9人が、オランダの北東部ドレンテ州デ・プントで54人を乗せた列車を乗っ取った。同時に別のテロリスト4人が学童など110人を人質にして近くの小学校にたてこもった。

　警察は学校に提供する給食に下剤を混入、その結果、体調異変を訴えた学童が解放され、人質の教師4人が残された。

　信じられないことにテロリストとの交渉は、3週間にもわたり延々と続いた。テロリストが乗っ取った列車の運転士を殺害したため、2つの事件現場への介入行動が許可され、実力行使が開始された。（6月11日の列車強襲作戦の詳細は次ページのイラスト参照）

　小学校でも実力行使が始まり、装甲車が繰り返し外壁に激突してテロリストを混乱させた。突入は爆発物を利用して行なわれ、BBEの先遣隊は銃火を交えることなく、4人のテロリストを逮捕した。

　4人のテロリストは先に行なわれた列車への介入作戦を知っていたようで、いかにして彼らと同じ運命をたどらずにすむか

ヨーロッパの対テロ部隊　85

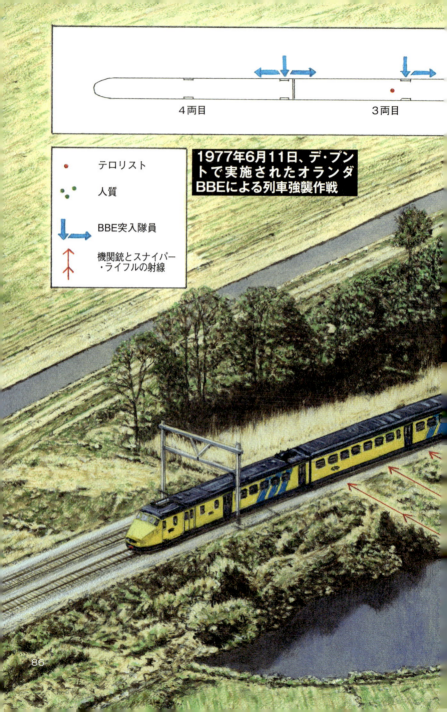

作戦経過

　戦闘潜水員が線路と平行する運河を泳ぎ、監視装置と爆発物を列車前方に密かに設置した。スナイパーは9人のテロリストと人質の位置を把握し、6月11日の夜明けまで監視を続けた。人質は運転席の後ろの1等コンパートメントと2両目のビュッフェ前のコンパートメントに男女別々に監禁されていた。

　1等コンパートメントの前部と、2両目の後部にテロリストがいるのが確認され、各車両のあいだと列車の後部に見張りが立っていた（イラスト参照）。作戦開始直前に3人の機関銃手とスナイパー21人が列車の前方2両の右側と運転席前に配置された。

　作戦が開始されると、待機していたオランダ王室空軍のF-104戦闘機6機が近くの木すれすれを飛行し、アフターバーナーを点火して、テロリストの聴力を奪い混乱させた。飛行音は窓が割れるほどの轟音だったという。飛行機通過と同時にテロリストをさらに混乱させるため運転席前に設置された爆薬を爆発させた。この爆発を合図にBBEの機関銃手とスナイパーが列車の右側と前方から一斉射撃を開始した。この射撃でテロリストの中で無傷だった2人を除くほとんどが死亡するか重傷を負った。この射撃で、残念ながら人質の1人が巻き添えとなった。

囲みイラスト

　ウジ・サブマシンガンと手榴弾で武装したBBEの突入チームはドアの隙間に爆発物を差し込み、爆発物と材木を使用して、列車左側から強襲した。仕掛けた爆発物が不発だったチームもあり、窓を破って突入せざるを得なかった。突入チームは、列車の前後方向に向かって分かれ、コンパートメントを掃討していった。ビュッフェに突入したチームはすぐに女性テロリストと交戦し射殺した。人質へ向かったチームは2人のテロリストが死亡しているのを発見。さらに重傷を負ったテロリスト2人も発見したが、この2人はただちに降伏した。突入チームが人質に到達すると、人質に紛れていたテロリストが発砲し、隊員1人が負傷した。銃撃戦の最中にパニックを起こした1人の人質がドアへと向かってしまい、銃弾を受けて残念ながら死亡した。隠れていたテロリストは最終的に攻撃手榴弾（コンカッション・グレネード）で制圧されて拘束された。3分以内で完了した作戦で、BBEはテロリスト9人全員を殺害あるいは拘束し、人質の安全を確保した。作戦中に人質2人が犠牲となり、ほかに人質6人とBBE隊員2人が負傷した。

思案していたようだった。

翌年の1978年3月13日、アッセンの3階建ての政府ビルで占拠事件が発生、69人が人質となった。人質の1人が殺害されると、交渉を継続しながら、BBE隊員は建物の地階へ隠密潜入を開始した。

翌日、テロリストはさらに人質を殺害すると宣言したため、BBEの攻撃が開始された。地階のBBE隊員は上階へあがり攻撃を始め、同時にほかのBBE隊員が外部からビル内へ突入した。3人すべての立てこもり犯が逮捕されたが、人質の1人が負傷し、後日死亡した。

2004年にオランダ国内のジハーディスト集団「ホフシュダグループ」をオランダの地方警察戦術部隊のアレスタチティム（SWATチーム）が急襲し、被疑者を逮捕しようとした。アレスタチティムはアジトのドアを破ろうとしたが、強化ドアだったため時間がかかりすぎた。その間にホフシュダグループはアレスタチティムに向かって手榴弾を投げ、隊員5人が負傷した。

テロリストの強い抵抗にあって、作戦の成功がおぼつかなくなり、BBEが支援を始めた。BBEと王立憲兵隊の戦術部隊である特殊警備任務団（BSB）のスナイパーはアジトを包囲し、催涙ガスが使用された。催涙ガスで2人のテロリストがバルコニーに出てきた。テロリストの1人は武器を手にしようとしていた可能性があったのでスナイパーが狙撃し負傷させて2人を拘束した。

現在、UIMと改称されたこの海兵介入隊は、オランダの対テロ任務のすべてを指揮する特殊介入部隊（DSI）の直属部隊となっている。

DSIはUIMのほか、警察アレスタチティム、憲兵隊のBSBの指揮もとる。DSIは特殊技術・作戦支援隊と名づけられた別の部隊も指揮している。この部隊は戦術支援と情報を担当している。

部隊には専属のスナイパー部隊と7頭の犬を運用する軍用犬部隊も含まれている。DSIはアレスタチティムの隊員と介入隊（UI）として知られるUIMの海兵隊部隊を実力行使部隊として現場に投入する。

UIは多くのテロ事件に出動し、武装したテロ容疑者の拘束にも出動する。同じDIS指揮下の130人で編成されたUIMの任務は、海上作戦、大規模立てこもり事件、航空機・列車ハイジャックなどの複雑で重大な対テロ作戦に限定されている。

バスを奪還する公開演習中のギリシャのEKAM。相手を混乱させるためバス前方で爆発を起こし、改造されたSUVに乗車した強襲隊員がバスへ接近する。（Hellenic Police）

ギリシャの対テロ部隊

特別テロ対策ユニット（EKAM）は1984年に2つの警察対テロ部隊を統合して創設された。国家警察の支援を受けて、EKAMは「11月17日革命機構」の主要メンバーの拘束や、2003年のトルコ航空ハイジャック機奪回など数多くの作戦を成功させた。

　ハイジャック事件の報告書はEKAMの活躍を次のように記述している。
「午前3時30分、ギリシャ警察特殊部隊は航空機に突入し、ハイジャック犯がコックピットにいるのを発見した。突入した隊員はテーザー銃M26でハイジャック犯に電気ショックを与え、倒れたところを逮捕した」

スイスの対テロ部隊

スイスは対武装犯罪者と対テロリストの小規模部隊を連邦警察の指揮下に設置している。タクスフォース・ティグリス（虎）の名前で知られるこの部隊は、創設後10年近くその存在を隠されていた。

ティグリスは、州／行政区（カントン）警察の戦術部隊と共同して作戦を行ない、スイス国内でテロ事件が発生した場合の介入部隊の主力となる。

スイス陸軍には対テロ作戦を担当する陸軍第10偵察分遣隊（ARD10）がある。ドイツのKSKと同様、この分遣隊も2003年に新設された部隊で、イギリスのSASを参考にして組織された。部隊の任務は、スイス国外での対テロ作戦、非戦闘員避難、特殊偵察などだ。

州／行政区警察もよく訓練され、装備も優秀だ。1984年にハイジャックされたエールフランス機の奪回など、州／行政区警察には数々のすぐれた業績がある。

ベルンのリンドウやジュネーブのGIGGは1972年に創設され、アールガウ州のアルグス部隊は練度が高いことで有名だ。アルグス部隊は国際競技会で、GSG 9などの強豪よりも優秀な成績を収めることがある。

スイスのアールガウ州のアルグス強襲部隊のスナイパー。この部隊は高い戦闘能力と訓練の成果をGSG9の戦技競技会で披露した。写真のスナイパーは山野で狙撃を行なう際に利用する個人用偽装網（ギリースーツ）を着用。シュミット＆ベンダー社製のPMIIスコープとサウンド・サプレッサーを装着した7.62mm口径のモデルSIG716スナイパー・ライフルで武装している。装着したサウンド・サプレッサーは部隊のスナイパー自身が設計・製作したカスタム品である。（SE Argus）

スペインの対テロ部隊

スペイン国家警察の対テロ部隊は、1977年に創設された特殊作戦グループ（GEO）だ。この部隊が創設されるまでスペインには対テロ作戦を主任務とした部隊が存在しなかった。

有能な隊員を募集し選考する業務をはじめとしてすべて白紙の状態からスタートした。そのため、GOEは創設される時点からドイツのGSG9やその指揮官だったウェグナー大佐（当時）と密接な関係を保った。

初期の編成と装備品の選定などにドイツから派遣された教官が大きな役割を果たした。GEOは、創設から2年後の1979年頃に対テロ任務の実行が可能になったと考えられている。

GEOは作戦部と補給や総務面を支援する支援部で構成されている。作戦部は作戦行動グループOAG40と作戦行動グループOAG50の2隊に分かれている。

各作戦行動グループ（OAG）の隊員数は30人、グループ内に5人編成の作戦チームが3つある。GEO隊員は、突入、狙撃、戦闘潜水あるいは監視の特殊技能を習得している。

現在までGEOの拘束したテロリストは41人、救出した人質は424人にのぼる。20件以上の海上作戦も実施している。

各国の対テロ部隊と同様、GEOは世界各地でリスクの高い外交官の警護や在外公館警備も行なっている。

スペインの対テロ部隊GEOを訪問した国王フェリペ6世と隊員。特徴あるシーグリーン(澄んだ緑の海の色)のカバーオールとバイザーを装着したヘルメットを着用。右端のスナイパーはサウンド・サプレッサー付き7.62mm口径モデルHK417ライフルで武装。ほかの隊員はB&T社製のストックとエイムポイントの光学照準器やレーザー照準器、多種多様なライトを装着したH&KモデルMP5サブマシンガンで武装している。(P.Cuadra)

　2004年4月にマドリードで列車爆破テロが起き、192人の民間人が犠牲になった。この事件にGEOが投入され、実行犯を追跡中に隊員1人を失った。

スロバキアの対テロ部隊

スロバキア内務省の対テロ介入部隊が特別ユニット（UOU）だ。部隊は、その正式名より部隊章にあしらわれたオオヤマネコ（リンクス）にちなんだリンクス・コマンドの名前で広く知られている。

この対テロ部隊はスロバキアが1993年に分離独立する以前から存在したチェコ特殊警察隊（URNA）の一部として創設された。独立後の1996年にスロバキアの主要対テロ介入部隊となった。

スロバキア国外における対テロ任務は陸軍第5特殊任務連隊が担任している。この連隊はリンクスと合同で訓練を行なっている。2007年、リンクスは放射性物質の密輸容疑者を逮捕し、粉末状ウラニウム約0.5キログラムを押収した。

放射性物質はテロリストの「汚い爆弾（ダーティボム：放射性物質をそのまま飛散させて拡散させる兵器）」になる恐れがあった。密輸入された放射性物質の押収で、リンクスは一躍有名になった。

セルビアの対テロ部隊

セルビアの対テロ部隊は特殊対テロ部隊（SAJ）で、セルビア内務省の管轄下にある。この部隊は1978年に創設され、セルビアの対テロ作戦の主力をになっている。

セルビアの特殊テロ部隊SAJ (specijalne-jedinice)

　コソボ紛争でこの部隊はいくつもの残虐行為を行なったという嫌疑がもたれた。国家警察の中にもう１つの介入部隊の対テロ隊（PTJ）があったが、2015年にSAJに統合された。

　現在のSAJは、EKOコブラやGSG９のように、４隊で編成されている。２隊が介入専門チームで、１隊がスナイパー、警察犬ハンドラー、戦闘潜水員、爆発物処理（EOD）員の各班で構成されている。残り１隊が要人などの身辺警護を担当している。

ヨーロッパの対テロ部隊　97

チェコ共和国の対テロ部隊

チェコ共和国の対テロ部隊は緊急配備隊(URNA)である。首都プラハに駐屯しているが、チェコの全土をカバーする任務を担っている。

URNAは対テロ任務だけでなく、犯罪者による人質事件の対処も担任している。URNAは任務遂行に際して、ザサホバユニット(ZJ)や地方警察SWAT部隊の支援を受ける。

海外でのURNAの任務は、チェコ大使館の警備とチェコ外交官の警護で、在イラク、在パキスタン、在アフガニスタンの各大使館に派遣され、外交官の警備と警護を行なっている。

URNAは社会主義時代の軍特殊部隊スペツナズを母体とし、発展的に組織・改編された。以前はワルシャワ条約機構加盟国の武器と装備品を使用していたが、1989年に自由化されると、ヨーロッパ諸国の対テロ部隊を視察し、最良の装備品を調達した。

部隊の近代化は欧州連合の対テロATLAS(アトラス)ネットワーク(146ページ参照)への参加を促進し、また名誉あるスナイパー部会の長を務めている。

路面電車への襲撃演習中のチェコ特殊警察隊（URNA）の即応部隊と警察介入SWATチーム（2016年）。MP5サブマシンガンで武装した隊員の支援を受けて、突入隊員が襲撃梯子をかけようとしている。（M.Divizna）

デンマークの対テロ部隊

　デンマークの対テロ部隊が特殊介入隊（AKS）である。部隊は100人規模で1972年に創設された。デンマークの警備・情報局の指揮下ですべての警察戦術行動と国家対テロ作戦を実施する

ことになっている。

　現在、警備・情報局は、特殊介入隊のAKSのほかに交渉・警護部隊も指揮下に置いており、この部隊がAKSと密接に共同して任務にあたる。

　ヨーロッパの多くの対テロ部隊と同様、テロリストではない犯罪者を主な対象として任務についている。

　2015年2月、注目に値する例外的な事件が発生した。指名手配されていたテロリストがデンマーク人映画監督を殺害した事件である。逮捕作戦中にAKSに向けて発砲した犯人のテロリストは隊員によって射殺された。

　国外の対テロ作戦は海軍のフロッグマン中隊と陸軍の猟兵中隊（特殊部隊）が担任している。これらの部隊は主として偵察と介入作戦を任務としている。

　フロッグマン中隊は海上での対テロ作戦を、猟兵中隊は特殊作戦のほか海外での対テロ任務も実施する。これらの部隊はアフガニスタンに多くの兵員を派兵した。

ドイツの対テロ部隊

　1972年9月26日、ミュンヘンでのオリンピック襲撃事件の数週間後、ドイツ（当時西ドイツ）内務省は国家介入部隊を創設した。大戦時のエリート部隊復活ととらえられないようにすることがドイツの内政面では重要だった。そのため、隊員は軍隊からではなく警察官から選抜された。

　このような背景と海外派遣の容易さから新設された部隊は連邦国境警備隊の一部とされ、連邦国境警備隊の指揮下におかれた。部隊名は国境警備隊第9グループ（GSG9）とされた。

2015年に撮影されたラペリング降下中にグロック17ピストルを室内へ向けるGSG9隊員。グロック17にはライトが装着されている。この隊員はEOTech光学照準器を装着した5.56mm口径のモデルHK416アサルト・ライフルも腰に携帯している。最新型のクレイ戦闘服、オプス・コア社製のヘルメット、戦闘服の色にあったODのリンデナーホフ（Lindnerhof）社製タクティック・プレート・キャリアを着用している。2015年まで戦闘服は隊員から好評だったクレイ社やアークテリクス社の製品を用い、プレート・キャリアはOD色かマルチカム迷彩をしていた。（GSG9）

　最初の指揮官はウーリッヒ"リッキー"ウェグナー大佐（最終階級は准将）で、部隊創設のためイギリスのSASとイスラエル国防軍情報局（アマン）のサイェレット・マトカルから支援を受けた。部隊は当時のドイツの首都ボン近郊のザンクト・アウグスティンに駐屯することになった。

　ウェグナーはGSG9を3つの戦闘中隊に分け、第1中隊は人

ヨーロッパの対テロ部隊　101

質救出を主任務とし、スナイパーも第1中隊に配属された。第2中隊は戦闘潜水、潜水艇と小型舟艇などを使用した海上対テロ対応能力を持つ。第3中隊は高高度降下高高度開傘（HAHO）や高高度降下低高度開傘（HALO）を用いたパラシュート降下などの空中機動・挺進行動能力を持つ部隊だ。

これらの中隊はさらに特殊作戦部隊（SET）として知られる5人編成の襲撃チームに分かれている。

GSG9の最初の実戦投入はハイジャックされたルフトハンザ181便の乗客・乗員を解放する「ファイアー・マジック（火の魔法）」作戦だった。

1977年10月、パレスチナ解放人民戦線（PFPL）のテロリストによってハイジャックされたスペイン発フランクフルト行きボーイング737型機ルフトハンザ181便は、中東の空を迷走し、最終的にソマリアのモガディシュに着陸した。パイロットが殺害されると、10月18日に介入作戦実施がGSG9に発令された。

GSG9の襲撃チームに同行したのはオマーンの「ミルバトの戦い」で伝説となっていたイギリスSAS隊員のアラステアー・モリソン少佐とバリー・ディヴィース軍曹である。

ウェグナーは2012年のインタビューでいくつかの詳細を明らかにした。

「ドイツ政府はイギリスのSAS隊員2人にフラシュバンを提供するよう依頼しました。2人はドバイでグレネードを渡してくれましたが、われわれはこれを機内で使うことはできないと判断しました。フラッシュバンにはリンが含まれており、乗客がヤケドを負ったり、火災が発生する危険性があったからです。われわれはフラシュバンを携行しましたが、使用は見合わせる

1998年に撮影された標準的な戦闘服と装備品を着用したドイツ警察の地方SWATチーム（特別突撃コマンド隊：SEK）隊員。隊員はバイザーの付いたウルブリヒツAM-95ヘルメットとアディダスGSG９ブーツを着用している。アームソンOEGらしい旧式レッド・ドット光学照準器とストリーム・フォアアームを装備させたモデルMP5A3サブマシンガンで武装している。ピストルはスイスSIG社製の9mm口径モデルP226。（Spiegl）

決断をしました。多くの説が伝えられていますが、これが真相です」

　襲撃ではMP５サブマシンガンが数挺用意され、主要襲撃隊員は拳銃も携帯した。

「われわれにはH&K P9拳銃とスミス&ウェッソンの.357マグナムもありましたが、限られた隊員しか防弾チョッキを着用していませんでした。十分な数がなかったのです。私も防弾チョッキを着ていませんでした。部下に譲ったほうがよいと思ったからです」（資料7）

暗視装置を使用していたスナイパーがテロリストのうちの2人の位置を知らせてくれたので、GSG9の6チームは敵に気づかれることがないよう、注意深く接近を開始した。すべての襲撃チームが配置につくと、テロリストの注意をそらすために、ソマリア人に駐機場でかがり火を灯すよう指示した。

テロリストの目が焚き火に向いているあいだに、襲撃ハシゴが機体に据え付けられ、ウェグナーが突入の命令を下した。GSG9の元隊員は2012年のインタビューでそのときの状況を説明している。

「ハシゴをかけました。私たちは手信号でしか意思の疎通を図ることができませんでした。ひそひそ声で話すことも禁止されていたからです。無線も不調だったので、テロリストとの交渉がどう進行しているか、確実な情報を得ることができませんでした。それだけでなくドアには爆発物がつけられている可能性もあり、もしそうだとしたら、ドアを開けたとたんに私たちは即死です。私たちが死亡したときに備えて、予備のグループも航空機に突入できるよう準備を整えていました」（資料8）

「火の魔法」という合言葉で、ヘルメットはかぶらずに、Tシャツの上にブリストル・ボディー・アーマーを着用し、ジーンズ姿の襲撃隊隊員はドアをこじ開け、ドイツ語と英語で「頭を下げろ」と叫びながら、機内の掃討を開始した。

2人のテロリストはただちに銃撃された。1人はコクピットで射殺され、タラップに立っていたもう1人は5発の銃弾を受けたものの、生き残った。

　ファーストクラスの座席で寝ていた3人目のテロリストは目を覚ますとすぐに2発の手榴弾を投げつけてきた。幸運なことにこのグレネードは座席の下で爆発し、2人の人質が軽傷を負っただけですんだ。

　最後の女性テロリストはトイレに逃げ込んだが、ウェグナー自身がドアに向けて発砲しテロリストを射殺した。

　「航空機の安全確保」を意味する「春のとき」という合言葉が無線で流された。この7分にわたる作戦で、弾丸が首をかすめて1人の隊員が負傷し、3人の乗客が軽傷を負った。

　ヴェグナーは作戦成功の背景をこうとらえている。

　「訓練の成果が作戦の成功につながりました。何年にもわたり、私たちは航空機突入を訓練してきたのです」

　皮肉にも対テロ部隊のシンボルとなるMP5サブマシンガンをマークにしていた「ドイツ赤軍（RAF）」との戦いでも、GSG9は重要な働きをした。1982年、GSG9は武器の隠匿場所に現れたRAFの中心メンバー2人を捕らえた。

　1992年にはバート・クライネン駅に現れた2人のRAFリーダー拘束作戦にもGSG9は深く関わっている。

　このとき2人のテロリストのうちの1人が発砲し、GSG9の隊員1人が死亡し、もう1人が負傷した。

　この拘束作戦でGSG9はテロリストの1人を意図的に殺害したのではないかという疑いをかけられたが、検視によってテロリストは自分の武器で自殺したことが明らかになった。

現在のGSG9隊員は懐中電灯でも隊員を見間違えないように、OD色のクレイ戦闘服とリンダー・タクティックのプレート・キャリア、マルチカム迷彩のオプス・コア社製ヘルメットを着用している。先頭と最後の隊員がライトを取り付けたグロック17ピストルを持ち、中央の隊員がHK416アサルト・ライフルを構えている。従来の武装のモデルG36Cライフルは、現在モデルHK416ライフルに交換が進められている。(GSG9)

部隊の汚点となりかねないこの嫌疑はしばらく尾を引いたが、数週間後、デュッセルドルフに着陸したKLM機のハイジャック犯をGSG 9があざやかに拘束したことで部隊の名誉は回復した。ハイジャック犯のエジプト人は銃を使用する間もなくGSG 9に制圧されたのである。

　2001年9月11日のアメリカ同時多発テロ後、テログループの支援者の追跡にもGSG 9は出動した。

　2004年、イラク・ファルージャ市外で警護任務についていたGSG 9は、乗車していたコンボイが待ち伏せ攻撃され、対戦車ロケット弾（RPG）の直撃により2人の隊員が死亡した。

　1973年の部隊創設から40周年となる2013年までのあいだ、GSG 9は1700件以上もの作戦を実施していた。当時のGSG 9指揮官はある事実を強調する。

　「驚かれるかもしれませんが、われわれは40年前に部隊が創設されてから7回しか銃器を使っていません。緻密に立案・実施される作戦はほとんどの場合、容疑者の選択肢を奪います。ただ残念ながら、いつもとはいきません。私たちは戦友3人を作戦中に失いました。そのうちの2人は在イラク独大使館の館員を護衛中に命を落としました」

　ドイツ警察は2015年にもう1つの介入部隊を編成した。証拠収集・逮捕チーム（BFE+）である。50人の隊員によって構成される新部隊はベルリンに駐在し、地方に配置されたSWAT部隊、SEKとMEKとともに警察に対テロ能力を提供し、GSG 9を支援する。

　1994年、戦火で荒廃したルワンダでドイツ市民の出国が不可

能になったことから、ドイツ陸軍も特殊部隊を発足させた。この危機対処部隊はコマンド特殊部隊（**KSK**）と呼ばれ、海外での対テロ作戦を任務としている。KSKは一流の特殊戦部隊であり、アフガニスタンに派兵され、のちにイラクでイスラム国との戦いに従事している。

ノルウェーの対テロ部隊

ノルウェー警察の介入部隊が**緊急対応隊（別名デルタ）**だ。緊急対応隊は陸軍の軍特殊部隊コマンド（FSK）の支援を受けることもある。FSKは海外での対テロ戦を任務としている。海軍猟兵コマンド（MJK）は主として海上石油採掘ステーションの警備などの海上対テロ戦を任務としている。

デルタの作戦のほとんどは犯罪者による人質事件や組織的犯罪への対応であり、対テロ戦ではない。

1994年にサンナフィヨール空港で発生した人質事件では、デルタのスナイパーの1人が精密射撃で犯人を射殺し、同時に襲撃隊が突入して、2人目の犯人を拘束し、警察の交渉役を含む人質を解放した。

2011年7月22日、ネオナチのテロリストのアンネシュ・ベーリング・ブレイビクが、オスロとウトヤ島で銃の乱射と爆弾により77人を殺害する事件が発生した。事後出動だったが、デルタはこの事件も対処した。

❶ドイツGSG9第2中隊ダイバー

　防護性より扱いやすさを優先したため、この戦闘潜水員はAM-95ヘルメットでなく、プロテックの潜水ヘルメットを被っている。フォース社のフィン（足ひれ）は外されてベルトに下げられ、潜水員は戦術潜水ブーツを履いている。目標に接近する際に気泡で潜水員の存在が発見させることを避けるため、ほかの対テロ部隊と同様にGSG9第2中隊も気泡を発生させないドイツ製ドラッガー（Dräger）LAR VIクローズドサーキットもしくは「リブリーザー」潜水器具を使用している（イラストではマウスピースがタンクにかけられている）。この潜水員の武器はトリジコン社製新型戦闘光学照準器（AGOG）とLLM01レーザー・ライト・モジュールが装着された5.56mm口径のモデルG36Cカービンとグロック・モデルP9Mピストル（グロック・モデル17ピストル海洋型）。このピストルはすばやく効率よく排水できるように設計されている。

❷ベルギーDSU

　この強襲隊員のイラストは、2010年の初頭から特殊介入局部隊隊員に支給されている装備品を描いている。2007年から2014年にかけてのCGSU特殊介入隊（ESIまたはSIE）がDSUの前身にあたる。DSUは襲撃隊員が着用するカバーオールを初期の黒色からOD色に改めた。スナイパーは灰色のカバーオールを着用する。この2色が市街戦に適していることと、テロリストなどの多くが黒色の衣服とバラクラバ（目出し帽）を着用することから、敵味方の識別を容易にするところから採用された。従来部隊の主要武装だったモデルMP5サブマシンガンとモデルP90サブマシンガンはEOTech社の光学照準器を装着した5.56mm口径のFNモデルSCAR-Lアサルト・ライフルに交換された。サイドアームはグロックTLRウェポンライトを装着した一般的な9mm口径のグロック・モデル17ピストル。グロックはドロップ・ホルスターで携帯される。

❷a DSUの低視認性部隊章

　イラストの低視認性部隊章とは異なり、オリジナルのフルカラー部隊章は中央の狩猟の女神ダイアナが白と黒で、中央の円が青、縁取りが赤、部隊名の「ESCADRON SPECIAL D' INTERVENTION」が上に、「SPECIAAL INTERVENTIE ESKADRON」（次ページに続く）

が下に配置されている。部隊は改編を繰り返したが、中央のモチーフに変化はない。

❸オランダUIM（BBE）

2006年にオランダ海兵隊の特殊支援隊（BBE）は海兵介入隊（UIM）と改称されたが、いまだにBBEとして知られている。このイラストは、ノーメックスのフード上にバリスティック・バイザーとネックカーテンが装着されたMSA KFS V2ヘルメットを被り、ノーメックスの青色カバーオールの上にはニーパッド（膝当て）と対暴徒鎮圧用アーマーのシンプロテクター（すね当て）を着用した強襲隊員の姿。武装は、エイムポイント社のレッド・ドット照準器とラインメタル社製のLLM01レーザー・モジュールを装着したサウンド・サプレッサー（減音器）付きの5.7mm口径FNモデルP90サブマシンガン。サイドアームは淡褐色のドロップ・ホルスターに入れられたサンファイヤー・ライト付きの9mmグロック・モデル17ピストル。

❸a 海兵介入部隊（UIM）の部隊章

オランダ王室海兵隊（RNLMC）と、対テロ統合コマンド特殊介入部（DSI）のイニシャルが入った部隊章を右袖に着用している。RNLMCは同じNATOメンバーのイギリス王室海兵隊と長く密接な関係にある。

ハンガリーの対テロ部隊

内務省のハンガリー対テロセンター（TEK）は、いくつかの性格の異なる対テロ部隊が統合されて2010年に発足した。

国家レベルでの介入指揮は作戦局によって行なわれる。6チームが首都ブダペストに、7チームが地方に配置されている。TEKにはテロ容疑者を取り調べる情報部と要人と政府施設を警護する要人警護部もある。

フィンランドの対テロ部隊

フィンランド警察の即応隊は「熊グループ」として知られている。1975年に開催された全欧安全保障協力会議の開催中にテロリストが攻撃を行なうことが懸念され、対処する目的で1972年に創設された。

当初の隊員数はわずか15人だったという。現在、即応隊は90人以上の部隊員と爆発物処理（EOD）チーム、警察犬チーム、交渉チームを有し、国家レベルでの対テロ任務を実施している。

フランスの対テロ部隊

フランスにはBRI-BAC、RAID、GIGNに代表される数多くの対テロ部隊がある。各部隊はそれぞれ固有の任務を持っている。

現在、これらの部隊は国家テロ対処計画に沿って、国家警察介入部隊（FIPN）の一員として統合が図られ、フランス全土で、素早くテロ事件に対応することが可能になっている。

多発した銀行強盗の対応策として1966年に創設された内務省指揮下の捜査介入部（BRI）は主として身代金目当ての誘拐などの組織犯罪に対応している。

BRIにはコマンド対策部隊（BRI-BAC）もあり、とくに人質救出に出動し、人質救出の技術の開発・向上に努めている。

BRIは捜査と容疑者逮捕の両方の任務を遂行しており、隊員は逮捕を執行する前に刑事として捜査にも加わる。パリを活動拠点とするBRI-BACは1895年にRAIDが国家規模での対テロ部隊として発足するまで、国内で起きたテロ事件の対処を任務としていた。

BRIの隊員数は約300人で、これには交渉チーム、警察犬2チーム、6人の戦術衛生員が含まれる。

　BRI-BACは専門技術を使って隠密裏に突入を行なう通称「侵入屋」から支援を受けている。

　2015年1月に起きた『シャルリー・エブド』襲撃事件のような「テロや銃火器による襲撃」（MTFA）に対応するため、新たに即応隊が編成された。この部隊の隊員は、パリの渋滞に妨げられないようオートバイに乗車して移動し、素早く現場へ駆けつけられるようになった。

　BRI-BACは注目を集めた作戦のいくつかに参加している。代表的なものは、2015年11月13日に実施されたバタクラン劇場の人質救出だろう。バタクラン劇場事件はパリ同時多発テロ事件の一部だった。

　テロリストはロックコンサートが行なわれていたバタクラン劇場で相手を選ばず銃撃し、手榴弾を投げつけた。約60人のBRI-BAC隊員が事件現場に出動し、40人の隊員が劇場突入を準備し、残りの隊員が規制線を張った。10人のRAID隊員がBRIの実力行使を支援した。

　殺戮が始まってから約35分後の午後10時15分に最初のBRIチームが劇場内に進入した。そこで隊員が目にしたのは地獄絵図だった。劇場内には死亡したり負傷した多数の観客が折り重なって倒れていた。

　午後11時15分になると、1階の掃討が完了し、2階へと進み、手順どおりながらも、リスクの高い残党狩りに移った。やがてテロリストが人質を盾にしてドアの後ろに隠れているのが発見された。

午後11時30分、BRIの交渉担当官とテロリストが交渉を始めた。テロリストはBRI隊員の撤退を要求し、要求が受け入れられない場合は、人質を斬首すると脅した。

　約１時間後に襲撃が許可され、襲撃チームは鍵のかかっていないドアの前に列をなして待機した。ドアを開けると、何発かのフラッシュバンを投げ込み、ラムシース３輪バリスティック・シールド（防弾盾）の後ろで縦一列の隊形を組んだ襲撃チームが前進した。

　テロリストの１人がAK-47カラシニコフ・ライフルで前進中の襲撃チームに向けて発砲し、盾に27発の銃弾が命中したという。隊列の中ほどにいた隊員は左手に銃弾を受け、床に倒れた。この隊員は苦痛に耐えながら後退した。

　BRI隊員とテロリストのあいだにはパニックを起こした人質が約20人おり、隊員の射線を妨げていた。この障害を取り除くために、チームはここで今まで見たこともない行動に出る。盾を倒したのである。盾は人質に覆いかぶさるようになったが、先頭の隊員はその姿をテロリストにさらすことになった。

　しかし、２人のテロリストは何秒もしないうちに廊下へ出て来た。BRIのリーダーは説明する。

　「彼らは追い詰められていました。１人は爆発物を仕込んだジャケットで自爆し、２人目も同じことをしようとしましたが、先頭にいた２人の隊員によって射殺されました」

　２つ目の部屋にいた人質はバリケードを築き、ドアを開けることを拒んだ。人質はテロリストが侵入しようしてきたと思っていたのだ。しかしやがてこの部屋にいた人質も解放された。最終的にバタクラン劇場では130人が殺害され、350人以上が負

傷した。

さらに2016年6月、イスラム国（IS）の影響を受けたテロリストに殺害された対テロ部隊隊員と、一般警察で事務官として働いていたその妻の殺人事件でもBRIは活動した。テロリストが夫妻の子供に危害を加える前に、BRIの隊員が家屋に突入して、テロリストを射殺したのである。

翌月、フランスを震撼させた神父殺害事件にもBRIは出動した。この神父は北フランスの教会で礼拝の最中にテロリストに喉を掻き切られて殺害された。殺人犯の2人のテロリストは修道女を盾にして逃れようとしたが、BRI隊員の精密射撃で頭を撃ち抜かれて死亡した。

フランス国家警察の主要人質救出部隊の特別介入部隊（RAID）の部隊名はおそらく略称となる頭文字に合わせて決められたのだろう。

制服の色にちなんだ部隊の愛称は「ブラック・パンサー（黒豹）」で、そのモチーフは部隊章にも用いられている。RAIDは1985年に創設され、国内ととくにパリを防衛する対テロ任務を担当している（国外任務はGIGNが担当。詳細は後述）。

▶パリのバタクラン劇場に突入した2人のBRI-BAC隊員。ラムシース３輪バリスティック・シールド（防弾盾）を使用して中央進出隊の側方を防御した（46～47ページのイラスト参照）。このシールドのパネルには27発のAK-47ライフル弾が命中した弾痕があったという。この2人はバックアップのグロック・ピストルをボディーアーマーに装着している。BRI-BACやRAIDの「シールド・マン（盾を持って先頭を進む隊員）」はフルサイズのグロック17に加えて、コンパクトなグロック19や26を携帯することも多い。2丁の拳銃を持つと、盾をコントロールしながら空になったピストルを再装塡する手間がなくなる。実際の銃撃戦では、1つ目の拳銃は捨てられて、次のピストルで即時に射撃が再開される。（K.Tribouillard）

116

長らくRAIDはミュンヘンのテロを受けて急遽創設された国家警察介入部隊（GIPN）と行動をともにしてきた。

　GIPNはフランス全土での人質救出と人質解放に必要な対テロ任務を担当し、最初はBRI、のちにはRAIDがパリでの任務を引き継いだ。

　GIPNは地方でRAIDと同じ任務についていたが、2015年4月にRAIDの分遣隊となった。

　RAIDの隊員数は約400人で、過半数がパリに配置されている（本書執筆の時点で2人の女性スナイパーも活躍している）。

　在パリ部隊は3隊に分かれている。第1隊は3つの25人編成のチームで構成され、介入直接行動を任務としている。第1隊の各チームには、オメガと呼ばれるスナイパーが配属されている。第2隊は研究開発チームで情報支援も行なう。第3隊は交渉のスペシャリストで構成されており、テロリストや犯人との交渉を担当している。

　1987年2月、RAIDは革命グループ「アクシオン・ディレクト（直接行動）」の指導者4人を拘束し、スペインのテログループ「バスク祖国と自由（ETA）」の重要人物も多数拘束した。

　1996年、RAIDはアルジェリアの「武装イスラム集団（GIA）」とつながりをもち、一連の強盗・殺人事件を起こしていた「ルーベ団」のアジトに朝早く踏み込んだ。

　RAIDはアジトの玄関ドアを爆発物で破って突入したが、突入チームの1人がテロリストの銃弾を受けて倒れてしまった。3人のテロリストがAK-47ライフルで隊員めがけて発砲を開始し、手榴弾を投げつけてきた。テロリストの反撃によってさら

に1人の隊員が負傷した。

　RAIDは屋内から後退し、道路からテロリストと銃撃を交わし、催涙ガス手榴弾をアジトに投げ込んだ。この攻撃で火災が発生し、火勢が強くなって家屋が倒壊し、焼け跡から4人のテロリストの死体が発見された。

　2012年3月、RAIDは路上のフランス人兵士3人とトゥールーズのユダヤ人学校でラビ（ユダヤ教の宗教指導者）と子供3人を殺害したイスラム国の影響を受けたテロリストを殺害した。

　RAIDはテロリストの隠れ家のアパートが判明すると、未明に実力行使を行なった。テロリストはRAIDの襲撃を察知しており、突入チームが縦列を組んだところで銃撃された。弾丸は3人の隊員に命中し、1人はボディーアーマーのおかげで負傷を免れたが、2人が負傷した。

　その後1日かけた交渉に進展はなく、RAIDはフレーム爆発物でいくつかの窓を粉砕し、2度目の突入を行なった。テロリストは再び隊員に向けて発砲し、2人の隊員を負傷させてバルコニーに逃げ、手すりを乗り越えようとしたところで射殺された。

　テロリストは被服の下にボディーアーマーを着用していたことが、その後の検視で判明した。

　2015年1月7日の『シャルリー・エブド』襲撃事件では同誌のパリ本社が襲われ、12人の犠牲者が出た。翌1月8日には別のテロリストによって女性警察官が射殺された。犯人はその翌日、ポルト・ド・ヴァンセンヌ近郊にあるイペル・カシェル・ユダヤ食品店を襲撃・占拠した。

このテロリストは介入部隊治安隊員の支援を受けたRAIDとBRI-BACの統合部隊に包囲されるまでに4人の人質を殺害した。実行犯のテロリストはシャルリー・エブドの犯人クアシ兄弟と協調していた。

　他方クアシ兄弟が立てこもったダマルタン・アン・ゴエルの印刷会社はGIGNによって包囲されていた。どちらか一方への攻撃は、もう片方の攻撃開始を意味していた。やがてクアシ兄弟がGIGNに攻撃を始めたため、RAIDとBRIはイペル・カシェルの食品店でも攻撃を開始せざるを得なくなった。

　フラシュバンを爆発させて注意をそらせたのち、部隊は突入点へ素早く移動した。RAIDの突破員が食品店の背後にあった防火ドアにフレーム爆発物を設置したが、このドアには強固なバリケードが築かれていて突入できなかった。そこで正面入り口に主要突入口を変更したが、ドアに金属製シャッターが下ろされており、内部の様子がわからなかった。

　RAIDとBRIの隊員が苦労してシャッターを上げ、フラッシュバンが投げ込まれて1人のRAID隊員がバリスティック・シールドとグロック・ピストルを手にシャッターの下をくぐった。

　この隊員は30秒ほど店内でテロリストと銃撃戦を交わした。隊員はこのときの状況を事件後のインタビューで次のように語っている。

　「床の上に人質が1人いたのを目にしました。そして10メートル先にあった箱の陰から容疑者が武器を手にして現れました。すべて迅速に実行しなければなければなりません。店内で人質は私の左側にいました。容疑者は銃撃を開始し、最初の銃弾は盾で避けることができました。私は反撃を開始し、左側の人質

に危害が加わらないように右側に移動しました。容疑者は私に向かって銃撃を加えながら、前進してきました。私は撃たれましたが、防弾ベストのおかげで無事でした。それでも痛みはありました。私の同僚隊員が後方から射撃を開始すると、銃撃戦は激しくなりました」（資料4）

　テロリストは警察官に向けてAK-47ライフルを発砲し、フラッシュバンが入り口で爆発した。この攻撃の結果、テロリストはRAIDとBRIの隊員によって射殺された。テロリストの体には約40発の銃弾が撃ち込まれていたという。

　2015年11月のテロ爆破・銃撃事件ののち、RAIDはサン・ドニ周辺で作戦を展開し、70人の隊員が出動した。隊員はテロリストの首謀者がいるとみられたアパートの1室に爆発物を使用して突入した。(45〜46ページのイラスト参照)

　現場指揮官は『ル・パリジャン』紙のインタビューにこう答えている。

　「われわれは補強されていたドアを爆発物で破り、テロリストの不意を衝こうとしました。しかしこれは失敗しました。ドアを壊すことができず、われわれの攻撃は奇襲にはなりませんでした。われわれは攻撃方法を変更し、盾の後ろに隠れてゆっくりと前進しました。テロリストからの銃撃は激しいものでした。連射もあり単発もありました。彼らは交代で射撃をしているようで、銃撃が止むことはありませんでした。手榴弾も投げてきました」（資料5）

　テロリストの反撃で襲撃部隊は後退し、スナイパーが周辺から射撃を開始して少なくとも1人のテロリストを射殺した。カメラを取り付けた戦闘犬のジーゼルが偵察に投入されたが、テ

ロリストに射殺された。

　テロリストを制圧し、２度目の突入を可能にするため、ミルコー・ランチャーからは40mmグレネードが発射された。RAIDの指揮官は続ける。

　「慎重にアパートへ接近しました。ドローンを使用して、窓や天窓から内部の状況をうかがおうとしましたが、たいした情報は得られませんでした」

　カメラを搭載した無人車両（UGV）も発進したが、瓦礫に拒まれて前進できなかった。最終的に手榴弾とテロリストの１人が爆発させた自爆ベストで開いた床の穴からポールにつけたカメラが差し込まれた。

　「われわれは床から階下に落ちた死体を確認しました。死体は手榴弾と梁によって損傷を受けていました。損傷が激しく、死体から身元を割り出すことができませんでした」

　カメラの画像では生存者を確認することができなかったので、RAIDはフラッシュバンを使用してアパートを掃討し、長時間にわたる戦闘が終了した。

　RAIDは1576発の弾薬を射撃し、テロリスト５人が拘束され、３人が死亡した。死者のうち２人は自爆ベストで自殺し、もう１人は瓦礫の下で窒息死していた。

　RAID側は、戦闘犬が戦死し、５人の隊員が負傷した。一部の報道によると、混乱下に警察の誤射により負傷した隊員もいた可能性があるという。

　国家警察に所属するRAIDと異なり、国家憲兵隊治安介入隊（GIGN）は国防省に所属する憲兵隊が指揮する軍の部隊だ。

1974年に地方介入コマンドとして創設され、のちにGIGNと改称され、フランス全土をテロから守るために2つの地方コマンド部隊が創設されたが、2年後に再び指揮系統を1つに統合した。

創設当時のGIGNは、1隊あたり20人で編成された介入部隊4つで構成され、中央指揮グループの軍用犬、スナイパー、偵察チームの支援を受けた。1991年に交渉班が追加され、2人の交渉員が各介入部隊に配属された。

GIGNは多忙を極める部隊で、平均すると1年で200件以上出動しており、今までに救出した人質は600人を超える。

部隊への出動要請が増えたことにともない、GIGNは劇的に規模を拡大し、憲兵隊広域介入小隊、別名PI2Gとして知られていた地方戦術隊から集められた分遣隊4つもGIGNの一部となった。

現在のGIGNには介入部隊（FI）として知られる戦術チーム、安全警護部隊（FSP）の警護スペシャリスト、監視分析部隊（FOR）の監視チームも含まれている。

介入部隊のFIは100人の隊員が4つの襲撃チームに配属されている。80人で構成された安全警護部隊のFSP隊員は、危険なイラクやアフガニスタンのような国のフランス公館とフランス外交官の警備や警護も行ない、必要ならば人質救出の際の兵力ともなる。FORは30人の男女隊員で編成され、偵察・監視活動を行なう。

GIGN隊員のほとんどは上級狙撃手の資格（隊員は全員、基礎狙撃課程を修了し、その中でも最優秀者のみがスナイパー学校の全課程を履修）、山岳行動、戦闘潜水の資格を得ている。

ヨーロッパの対テロ部隊　123

ルノー・シェルパ攻撃トラックの横でポーズをとるGIGNの隊員。彼らの武器は5.56mm口径モデルHK416アサルト・ライフル（右）と12ゲージのレミントン・ポリスショットガン。中央の隊員のシールドにはライトとカメラが装備されている。最近GIGNは新型アサルト・ライフルを導入した。2015年パリのテロ事件でボディーアーマーを着用したテロリストが出現した経験から、その対抗策としてGIGNは7.62mm×51弾薬を使用するライフルを試験したが、市街戦に不向きと判断された。最終的にチェコのモデルCZ806ブレン2アサルト・ライフルが採用された。このライフルは9インチのバレルが装着され、ピカティニー・レールと横に折りたためるストックを備えている。モデルHK416アサルト・ライフルは段階的にこのライフルと交換された。（T.Samson）

部隊のモットーである「影と陽の合間に」を反映して、FORは隠密捜査の訓練も受けている。

GIGNの最後の行動部隊は、25人で編成された作戦支援隊（FAO）で、突破スペシャリスト、爆発物処理（EOD）、軍用犬、情報の収集にあたる特殊手段班で構成されている。

FAOは対化学・生物・放射性物質・核（CBRN）能力も備えている。空中機動支援はピューマ・ヘリコプターを保有する統合飛行隊、統合ヘリコプター群が行なう。

GIGNは注目を集めた数多くの作戦に参加している。初期の作戦例は、ソマリアと国境を接するジブチで、1976年に発生した5人のテロリストによるスクールバスの乗っ取り事件だ。

このスクールバスには30人のフランス人学童が乗車していた。現地に駐留していた第13外人准旅団の支隊がジブチからソマリアへ逃走しようとする車両を国境線で停車させ、GIGNに出動の命令が下された。

作戦計画は、まず児童に鎮静剤の入ったサンドイッチを食べさせ、静かになったあと、8人のGIGNスナイパーが一斉にテロリスト5人の頭を撃ち抜き、第2外人落下傘連隊第2中隊（現地に交代で任務についていた）の襲撃部隊がバスに突入して児童を解放することになっていた。

状況を複雑にしたのは、隣接するソマリア国境警備隊の存在だった。国境警備隊は公けにテロリストへの同情を表明し、戦闘に介入するおそれがあった。外人部隊側にはこの事態を防ぐ役割が与えられた。

作戦はスナイパーがテロリストを狙撃することから始まり、

GIGNのスナイパーは狙撃を成功させた。外人部隊はソマリア国境警備隊を制圧射撃し、バスに駆けつけようしたが、1人のソマリア兵の発砲を許してしまった。その銃弾により悲劇的にも5歳児の命が奪われてしまった。

発砲したソマリア兵はGIGNによって射殺された。解放されるまでにもう1人の児童が重傷を負った。

1981年、精神障害者がル・テュケ空港でエアリンガス機内に放火しようとした。交渉が行き詰まると、6人のGIGN隊員が2つの襲撃ハシゴを使用して航空機内に突入し、ハイジャック犯を拘束した。2年後、GIGNはオルリー空港でハイジャックされたイラン航空機を襲撃し、6人のテロリストを拘束した。

さらに1984年、GIGNはマルセイユでハイジャック事件を解決している。1988年にGIGNは「バスク祖国と自由（ETA）」のリーダーを拘束。このときターゲットは抵抗が愚かなことだと悟ったため、MP5サブマシンガンからわずか2発の警告弾が発射されただけだった。

1988年の後半、ニューカレドニア島でカナック独立運動のメンバーによって人質にされたフランス人警察官の解放を目的に、「ヴィクター」作戦が発動され、GIGNがここでも重要な働きをした。作戦が終了するまでに監禁実行犯19人が殺害された。

現在までにGIGNが行なった作戦のうちで、最も賞賛された作戦は1994年12月にマルセイユ・マリニャーヌ空港でエールフランス8969便を奪回したことだろう。

227人の乗客を乗せたエアバスA300B機は、クリスマスイブにアルジェからパリに出発しようとしたところで、4人のテロリ

ヨーロッパの対テロ部隊　127

ストによって、ハイジャックされた。

人質の２人がすぐに殺害されたが、交渉により63人の解放に成功した。複雑な政治的駆け引きがフランスとアルジェリア政府のあいだで行なわれた。テロリストはパリへの飛行を要求し、アルジェリア当局に出発を認めさせるために、もう１人の人質が犠牲になった。

給油のために着陸したマルセイユ・マリニャーヌ空港で、整備員に偽装したGIGN隊が機内に入り、ドアに爆発物が取り付けられていないことを確認した。イラ立ったテロリストが管制塔を射撃し、人質にも危害が加えられる恐れがあったため、12月26日、GIGNの現場指揮官に介入作戦開始が命じられた。突入ではまずタラップが機体後部の死角に搬入され、その後、機体の左右へと移動された。タラップを通じて３つの襲撃チームがドアを破った。(襲撃チームの配置は130〜131ページのイラスト参照)

機体の右前部ドアの開放に手間どったため、隊員は自分の体重をかけてロックを動かしたという。主力チームはコクピット後方の右前部ドアから機内に突入した。

元GIGNの指揮官は「銃弾が押し寄せるように隊員に襲いかかりました。機体内部に入った私の目がとらえたのは、銃撃された６人の部下が床に倒れている光景でした」と当時の様子を語る。

マニューリンMR73リボルバーで武装した第１チームはただちにコクピットに向かった。先頭の隊員が目にしたのは開かれたドアで、テロリストは運航乗務員のそばに立っていた。先頭の隊員は３人のテロリストのうち２人を銃撃することに成功したが、隠れていた４人目のテロリストがAK-47ライフルでこの

隊員に反撃した。隊員は7発の銃弾を受け、1発は顔に当たり、ヘルメットのバイザーが飛び散った。

　機体周辺に配置していたチームからフラッシュバンが投げ込まれたが、このグレネードは目標を外れ、駐機場の路面で爆発した。テロリストも手榴弾を投げて応戦し、負傷した先頭の隊員は多数の破片を受け、右腕を失なった。体の自由を奪われた隊員は作戦が終了するまでの12分間苦痛に耐え続けた。

　銃撃戦はコクピットの外で続いた。指揮官はふりかえる。

「ドアの隙間から隊員の顔の一部や手榴弾を投げる手が見えました」（資料6）

　やがてエールフランスの副操縦士はコクピットの右窓から飛び降りて機外に脱出したが、高所から落下したために両足を骨折した。副操縦士がいなくなったため、GIGNのスナイパーはコクピットに向けて狙撃を開始し、もう1人のテロリストが射殺された。

　タラップから後方の2つのドアを突入孔として第2チームと第3チームが機内に突入し、前進しながら、残り2つのドアを開けて脱出シュート（ゴムやナイロン製の膨張脱出滑り台）を作動させて乗客を誘導した。

　最後の襲撃チームが右前ドアからコクピット外の隊員の応援にかけつけた。最後まで残っていたテロリストがこの襲撃チームに向けて発砲し、1人の隊員のリボルバーに銃弾が命中した。隊員はふらついて腰を落としたが、ついに最後まで残っていたこのテロリストもGIGNに射殺された。

　戦闘は22分間にわたって続いた。11人のGIGN隊員が負傷し、1人は危篤に陥ったが、この隊員ものちに回復して、部隊に銃

1994年12月26日、マルセイユ・マリニャーヌ空港でのGIGNの航空機強襲作戦

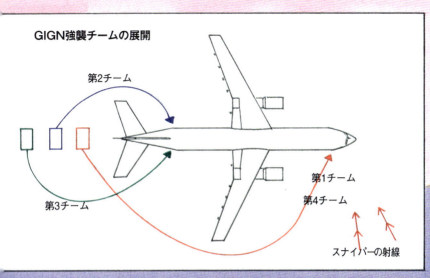

GIGN強襲チームの展開
第2チーム
第3チーム
第1チーム
第4チーム
スナイパーの射線

作戦経過

　前ページのイラストは作戦終了間際のエアバス300B機、機体番号F-GBEC（エールフランス8969便）を再現している（終了間際の時点で航空機の周辺に配置されていた少数の人員を描いている）。

　機体後部の地上からタラップを登って左後部ドアから第2チームが、右後部ドアから第3チームがそれぞれ機内に突入した。

　機内を前進した両チームは右中部のドアと左前方のドアを開き、脱出シュート（黄色）を作動させて、人質になった乗客を機外へ脱出させた。

　コクピットを掃討する最後の銃撃戦が第1チームよって行なわれている。コクピットの3人目のテロリストはGIGNスナイパーの手によって射殺された。第4チームは機体前部のタラップを登り、第1チームの支援を開始している。このあと最後のテロリストが撃った銃弾がGIGN隊員の持つリボルバーに命中し、タラップから転げ落ちた。

囲みイラスト

　強襲チームの展開とスナイパーの射線。

器の教官として復帰した。

　ハイジャック対処の実行の指標となるこの作戦で、乗客と乗員13人が負傷したが、人質に犠牲者を出すことなく全員が解放された。

　GIGNは、2015年1月の『シャルリー・エブド』襲撃事件でも犯罪者の無力化に重要な働きをした。

　パリの北方にあるダマルタン・アン・ゴエルの印刷会社ビルにクアシ兄弟がいるのが判明し、GIGNはビルを包囲した。印刷会社社長を解放したのちも、1人の従業員がビルの中に隠れていたが、兄弟はこのことを知らなかった。

　かつてエールフランス8969便の事件でGIGN指揮官だったドニ・ファヴィエが憲兵隊司令官となっており、ファヴィエの

GIGNへのブリーフィングは明確だった。

「目標はわれわれの人員を失うことなく、敵を無力化することである。もし無力化できない場合は殲滅せよ。生きたまま捕捉できれば、それにこしたことはない」

午後5時を少し回ったころ、GIGNのスナイパーはビル内部で動きがあったことを察知し、襲撃チームは突入の最終命令を待っていた。驚いたことに兄弟はビルの正面ドアから銃を乱射しながら出てきた。

GIGNスナイパーは応戦し、包囲部隊はこの自殺願望を抱くジハーディストにフラシュバンを投げつけた。90秒後、兄弟は地面に横たわった死体となっていた。

ほかのテロリストが残存している可能性に備えて、GIGNはシェルパ襲撃車両に乗車して、2階へ突入した。フレーム爆発物を使って窓に穴を開け、従業員を救出し、順序立ててビル内を掃討していった。

クアシ兄弟のうち1人は体に手榴弾を隠していた。最後に警察官を殺傷しようとする試みだった。

ベルギーの対テロ部隊

ベルギー最初の対テロ部隊はミュンヘン・オリンピックでの事件を受けて、1972年12月に創設された。ギリシャ神話の狩猟の女神であるダイアナを部隊名の由来とし、部隊の名称は「ダイアン・グループ」となった。

部隊章にはこの女神が描かれ、部隊のモットーはラテン語で「最後の手段」とされている。ダイアンは創設されると、ヨーロッパ諸国とイスラエルの対テロ部隊を視察し、1973年に規模

が拡大された。

ダイアン・グループは2つの部隊によって構成されており、1部隊は介入戦の訓練を受けて実力行使を行ない、もう1部隊がテロが発生したときに政府高官の警護と施設の警備を行なうことになっている。

部隊規模の拡大を受けて、特殊介入部隊（ESI、フレミッシュ語ではSIE）と部隊名も一新された。ベルギーの憲法の規定によって、この部隊の部隊名はフランス語とフラマン語の2つの言語で併記されている。

1980年にESIの隊員数は200人に増強された。この年にESIは犯罪者によって乗っ取られたスクールバスに突入し、銃器を使用することなく、事件を解決した。

ESIはベルギー全土を震撼させた強盗殺人者「ニヴェルのギャング」の対処にも出動した。

1980年代半ばの対テロ戦で、ESIは反NATOテログループ「戦闘的共産主義者組織」の対応に忙殺された。1990年になると、ESIはアントワープにあった「暫定アイルランド共和軍（PIRA）アクティブ・サービス・ユニット」のアジトに踏み込み、ダイアナ妃のベルギー訪問にさきがけて準備されていた小火器と爆発物を押収した。

6年後にはESIは北フランスでRAIDの摘発を逃れてベルギーに密入国しようとしたアルジェリアの「武装イスラム集団（GIA）」と交戦した。越境を目撃されたGIAが、地元警察と

2016年3月、パリ同時多発テロ事件で指名手配中のテロリストを逮捕するために行なわれた作戦中の写真。建物の屋根でベルギーDSU介入部隊の隊員が7.62mm口径H&KモデルG３アサルト・ライフル改造型を構える。写真のライフルには新型戦闘光学照準器（ACOG）が取り付けられ、B&T社製のハンドガードと折りたたみ式の２脚、H&KモデルMGS90ライフルと同型のストックが装着されている。この作戦でDSUのスナイパーはテロリストの１人を射殺。（O.Polet）

銃撃戦となった。１人のテロリストが射殺されたが、もう１人のテロリストは、２人を人質にして近くの家屋に逃げ込んだ。

ESIはマニュアルどおりに建造物襲撃を実行し、このテロリストを拘束し、２人の人質を救出した。

2001年、連邦警察の組織改編にともない、ESIは特殊介入局

ヨーロッパの対テロ部隊　135

部隊（DSU）と改称された。2007年になるとDSUは特殊部隊総局（GCSU）に改称されたが、2014年には警察機構の再編でDSUの名称が復活した。

DSUの介入部隊は、IS（イスラム国）の影響を受けたベルギー国内のテロの最前線に立っている。

2015年1月、フランスのGIGNの支援を受けたDSU介入部隊は、ベルギーのヴェルヴィエで『シャルリー・エブド』襲撃事件に関与した2人のテロリストを殺害した。DSUがフレーム爆発物を使用してアパートの窓を粉砕すると、AK-47カラシニコフ・ライフルで武装した数人のテロリストが発砲を開始した。数分にわたる銃撃戦によって、2人のテロリストは死亡し、もう1人は降伏したのちに拘束された。

空港と地下鉄駅を目標とした複数の自爆テロが発生したベルギー連続テロの直前の2016年3月の作戦では、まず連邦警察の刑事がフォレでテロ容疑者を拘束しようと隠れ家のアパートを訪れ、所在を確認しようとした。室内から返ってきたのは言葉の返答ではなく、ドアを貫通するAK-47ライフルの銃弾で、容疑者の2人は屋上から逃走しようとした。

DSUの即応部隊（QRF）が到着し、アパートに突入すると、隠れていた3人目のテロリストが攻撃を仕掛け、1人の隊員が負傷した。この3人目のテロリストは到着したばかりの第2派のDSUの即応隊にも攻撃を仕掛けた。籠城はしばらく続いたが、このテロリストはやがて銃を上に向けると窓際に現れ、DSUスナイパーの手によって即座に射殺された。この作戦で4人の警察官が負傷したものの命に別状はなかった（ベルギーの部隊は過去に3人の隊員を失っている）。

現在のDSU介入部隊は50人の隊員と十数人のスナイパーによって構成され、監視隊や警察犬部隊などの専門部隊の支援を受けている。もともと監視隊はESIの要人警護部隊だったが、任務が拡大され容疑者などの監視、偵察や山野での追跡までもがその任務にふくまれるようになった。犯人との交渉も監視隊が担当する。警察犬部隊は8匹の爆発物探知犬（EDD）と2匹の戦闘襲撃犬（CAD）で構成されている。ESIは警察犬を初めて介入戦術で使用した部隊の1つで、専用犬舎が1984年に建設されている。ベルギー原産のベルジアン・シェパード・マリノア犬も世界中の特殊部隊が使用する主要な犬種となっている。

　DSUは警護、監視、支援、逮捕（POSA）チームなどのいくつかの付属部隊の支援を受けている。これらの付属部隊は1995年からDSUの指揮下におかれ、地方の主要都市に配備されている。

　POSAは戦術任務を単独で行なえるが、人質を救出する任務は介入部隊が担当している。

ポーランドの対テロ部隊

　ポーランドの対テロ介入部隊は、対テロリズム作戦局（BOA）で、国家警察の中に組織されている。

　BOAはポーランド国内の対テロ戦を任務としている。部隊は社会主義体制時代の1970年代に創設された警備団を母体に組織された。創設当初、隊員わずか47人で、5個襲撃班で構成されていた。ハイジャック対処が任務に追加され、部隊は1982年と1990年に大幅に増強された。

　部隊は2003年にBOAと改称され、翌年に国際アトラス

　（ATLAS）ネットワークに参加している。
　1996年に発生したテロ爆破事件でBOAは初めて隊員から犠牲者を出した。2003年に即席爆発物（IED）を所持した2人の重武装犯罪者に対する攻撃の際、さらに2人の隊員が犠牲となった。犠牲を出した作戦の事後検証の結果、BOAは堅固なボディーアーマー、制圧火力を提供するPKM汎用機関銃やグレネード・ランチャーなどを導入した。

ポーランドのSPAPとドイツのSEKは2013年に合同演習を行なった。SPAPの隊員は黒のカバーオールを着用し、9mm口径H&KモデルUMPサブマシンガンで武装している。ドイツの隊員（左端）は灰色の戦闘服を着用し、H&KモデルMP5サブマシンガンを装備している。（J.Haufe）

　現在、BOAの隊員は250人。部隊は襲撃班4チームとマークスマン（スナイパー）班で編成される戦闘隊2つで構成されている。これを交渉員と、偵察・監視班からなる作戦支援隊と、情報支援を行なう技術支援隊が支援する。

このほか部隊には固有の戦術衛生員、爆発物処理（EOD）員と、対化学・生物・放射線物質・核（CBRN）アドバイザーが配属されている。BOAはフランスのGIGN分遣隊と同様の組織のポーランド地方警察介入チームの独立警察対テロ支隊（SPAP）の支援も受ける。

ポーランド国外の対テロ任務は、ポーランド陸軍の有名な特殊部隊の機動作戦即応グループ（GROM）が担当する。GROMはすべての作戦を遂行できる特殊部隊で、イギリスのSASやアメリカのデルタフォースと強いつながりを持っている。

GROMは1990年に創設され、部隊名のGROMは、ポーランド語で「稲妻」を意味する。この部隊は、コソボ、イラク、アフガニスタンで多くの特殊作戦に参加した。

対テロ戦の高い能力も持つところから、ポーランド国外の対テロ作戦も追加任務となった。GROMは、イギリスのSASと同様に中隊編成をとっており、3つの中隊で編成されている。

GROMの襲撃チームは6人の隊員で構成されて「黒の戦術（対テロ作戦）」「緑の戦術（特殊作戦）」「青の戦術（海上作戦）」に区分された訓練を受けている。

GROMの主な任務は、ポーランド国外の対テロ活動だが、

2014年に行なわれたNATO対テロ演習の写真。フレーム爆薬（成型爆薬）を爆発させて突入孔を作り建物内に突入するポーランド陸軍のGROM。隊員はクレイのマルチカム戦闘服とオプス・コア社製ヘルメットを着用し、EOTechの光学照準器を装着した5.56mm口径モデルHK416アサルト・ライフルで武装している。（M.Fludra）

2012年にポーランドで行なわれた欧州サッカートーナメントのような大規模イベントでは、国内で警戒任務についてBOAやSPAPを支援することもある。

ボスニア・ヘルツェゴビナの対テロ部隊

旧ユーゴスラビアの一部だったボスニア・ヘルツェゴビナの対テロ任務は、組織的大規模犯罪と対テロ戦を任務としている警備省の国家捜査・警備局（SIPA）が指揮して行なっている。戦術作戦はSIPAの特殊支援部隊（SSU）が実行する。この部隊は2005年に創設された。

SSUは3つの専門部隊で構成されている。「アルファ」部隊は対テロ部隊で、広い範囲の介入任務を担当する。「ベータ」部隊は特殊技能作戦部隊で、専門潜水員やスナイパー、登攀のチームをSSUに提供し、犯罪容疑者の拘束を支援する。支援部隊の別名を持つ「ガンマ」部隊は、補給と戦術情報支援を担当し、部隊の車両の維持とSSUが使用する警察犬の飼育を担当している。

ポルトガルの対テロ部隊

ポルトガル公安警察に所属する対テロ部隊が特殊作戦グループ（GOE）だ。この部隊は1982年に創設された。1983年、在ポルトガル・トルコ共和国大使公邸をアルメニア人テロリストが占拠した事件が部隊最初の大規模作戦の経験だった。この事件でGOEが突入の準備をしているあいだに建物周辺の爆発物をテロリストが誤って爆発させ、テロリスト全員と人質2人が死亡した。

現在、部隊は3つの二十数人の隊員で編成された介入作戦グループで構成されている。フランスGIGNの部隊作戦支援隊と同様の運用法をとっており、技術作戦グループが監視、警察犬、爆発物処理（EOD）などの支援を担当している。

リトアニアの対テロ部隊

リトアニアの警察対テロ作戦部隊（Aras）は1991年に創設された。この部隊は、対組織犯罪と要人警護、治安維持に戦術支援を行なっている。

Arasは地域ごとに、特殊介入隊、第１介入隊、第２介入隊の３つの部隊を配備している。リトアニア国外の対テロ任務は、リトアニア軍の特殊目的部隊が担当する。この特殊目的部隊は1997年に創設された。

ルーマニアの対テロ部隊

ルーマニアの独立特殊作戦介入隊（SIIAS）は、ルーマニア警察の組織犯罪対処隊に設けられていた戦術部隊から発展した。

SIIASは特殊介入・作戦部と爆破突入とEODを担当する火工部によって構成され、特殊介入・行動部には30人の隊員からなる２個介入隊がある。

SIIASはGIGNの支援を受けて、2003年に創設された憲兵特殊介入隊の（BSIJ）の支援を受ける。

ロシアの対テロ部隊

ロシアの主要な介入部隊はアルファ隊という名称で広く知られている連邦警備局（FSB）のスペッツグルッパA（特殊グループA）だ。FSBの前身KGBによって、1974年に創設されたソビエト対テロ介入部隊がアルファの母体である。

アルファは分遣隊２つで構成されている。各分遣隊は隊員30人の小隊に分かれている。アルファは対テロ能力だけでなく、隠密特殊作戦を遂行する能力もあり、ソビエト時代にアフガニ

ヨーロッパの対テロ部隊　143

スタンへ派兵されたことがある。

　アルファは高リスクの人物の身辺警護任務も担当する。アルファの姉妹部隊で、ヴィンペルの別名を持つスペッツグルッパB（特殊グループB）が高度の機密を有する施設の警備を担当している。

　これまでにアルファはいくつもの人質救出作戦を行なってきた。1983年、旧グルジア（現ジョージア）で発生したハイジャック事件にもアルファが投入された。警察の作戦と公表された外国人を人質にした事件にも派遣されている。

　従来、軍特殊部隊スペツナズの戦術手法を用いていたアルファも西側の戦術と技術を採り入れるようになり、現在の対テロ作戦能力は西ヨーロッパの対テロ部隊と同レベルにあると考えられている。

　アルファのモットーは「アルファが現れるところに、妥協はない」。このモットーのもとテロリストの排除が人質の生命よりも常に優先されてきたが、高い代償と引き換えだった。

　その一例にブデンノフスクの病院事件がある。1995年、ブデンノフスクの病院がチェチェン人テロリストに占拠された。アルファとチェチェン人テロリストの間で血みどろの銃撃戦が発生し、戦闘の結果、人質130人が犠牲となった。モスクワ劇場占拠事件やベスラン学校占拠事件でも膨大な数の人質が命を落とした。（ロシア部隊の膨大な資料はマーク・ガレオッティの『1991年以降

突入目標の外で縦列を組むロシアの特殊部隊スペツナズ「アルファ」チーム。全員がモデルVSSカービンで武装している。モデルVSSカービンはサウンド・サプレッサーが組み込まれ、セミオートマチックとフルオートマチックの両方で射撃できる。使用するユニークな9mm×39弾薬は、消音効果の高い亜音速弾薬と貫通能力の高い高速弾薬が供給されている。この写真から装備するピストルは識別しにくいが、少なくとも1人がスチェッキン・フルオートマチック・ピストル（APS）をホルスターに入れて携帯しているようだ。APSはこの部隊で好まれた武器だったが、現在ほとんどがグロック・ピストルに交換された。バリスティック・バイザーを装着したスフェラ・リンクスTデザインのファイバーグラス製のヘルメットを着用（監訳者注：ファイバーグラス製ヘルメットは誤り。ロシアは西側で高価なチタニウム製のヘルメットを支給し、写真のヘルメットもそのひとつ）（SpetsnazAlfa）

のロシア警備・準軍事部隊』と『スペツナズ』（並木書房）に詳しい）

第5章
アトラス・ネットワーク

縦列（スタック）で目標家屋への接近を訓練するベルギーDSU隊員。(P.Moorkens)

34の対テロ部隊が「アトラス」に参加

ギリシャ神話の巨人アトラスから命名された「アトラス（ATLAS）」は、ヨーロッパ連合（EU）に加盟する27カ国と非加盟のノルウェーとスイスが保有する計34組織ほどの対テロ部隊で構成されている。

公式的には2001年9月11日のアメリカ同時多発テロ事件を契機に創設されたとされるが、非公式な対テロ部隊のつながりは1996年から存在していた。さらにさかのぼれば、1970年代からドイツのGSG9が発起人となった類似の対テロ部隊のつながりがあった。

このような歴史的背景を持つアトラスの結成に、古くからつながりのあったDSU、GSG9、GIGNが積極的だったのは当然である。

現在アトラスには、EKOコブラ（オーストリア）、DSU（ベルギー）、SUCT（ブルガリア）、EAO（キプロス）、URNA（チェコ共和国）、AKS（デンマーク）、Kコマンド（エストニア）、Karhu（フィンランド）、GIGNとRAID（フランス）、GSG9とバーデン・ヴュルテンベルグSEK（ドイツ）、EKAM（ギリシャ）、ERU（アイルランド）、TEK（ハンガリー）、GISとNOCS（イタリア）、OMEGA（ラトヴィア）、Aras（リトアニア）、USP（ルクセンブルク）、SAG（マルタ）、DSI（オランダ）、GOE（ポルトガル）、緊急対応部隊／デルタ（ノルウェ

2007年のアトラス・ネットワークの演習中に部隊本拠地ザンクト・アウグスティンで撮影されたGSG9のチーム。バリスティック・バイザー付きのチタニウム製ウルブリッヒAM-95ヘルメットに注目。隊員はEOTech光学照準器を備えた5.56mm口径モデルG36Cカービンで武装している。左から2人目の隊員だけがモデルAG36アンダーバレル・グレネード・ランチャーを装着したモデルG36Kカービンを携行している。後方はAS332シュペル・ピューマ大型輸送ヘリコプター。(J.Schwartz)

ー)、BOA (ポーランド)、AcvilaとSIIAS (ルーマニア)、リンクス (スロバキア)、レッド・パンサー (スロベニア)、GEOとUEI (スペイン)、NI (スウェーデン)、タクスフォース・ティグリス (スイス)、SOC19 (イギリス) が参加している。

アトラス・ネッワーク 149

定期的に開催される合同訓練

アトラスへの参加は、警察部隊から1組織、軍・国家憲兵隊・国境警備隊から1組織の最大2組織の参加が各国に認められる。

参加部隊は経験に応じて指示された課題の研究が命ぜられる。研究の議長はDSUが務める。研究課題の実例をあげると、フランスRAIDは地上を走行する列車やバスのような筒状目標の襲撃の研究を行なう。同じくフランスのGIGNはハイジャック対処、ドイツGSG9は海上テロ、イギリスSCO19は地下鉄の襲撃、オーストリアEKOコブラはビルの襲撃などを対象としている。

2007年のアトラス・ネットワークの演習に参加したオーストリアEKOコブラ隊員。出動服の選択は個人の裁量に任されている。上腕プロテクターがボディーアーマーにつながれている。写真の5.56mm口径シュタイヤーAUGアサルト・ライフルは内蔵の1.5倍スコープとLLM01レーザー・モジュールが装備されているだけで、アフターマーケット・アクセサリー類は装着されていない。(J.Schwartz)

アトラス・ネットワーク　151

アトラス参加部隊は合同訓練も行ない、情報と調査研究結果を共有している。

　2007年の合同訓練「オクトパス（蛸）」作戦はベルギーのDSU、デンマークのAKS、ドイツのGSG9、スウェーデンのNIとスペインのGEOが、シージャックされ、複数国の管轄下にあるフェリーに対して襲撃を行なうという想定で実施している。

　「アトラス合同チャレンジ」として知られるハイジャックなどの同時多発テロが発生した想定で同様の合同訓練も行なわれる。

　2013年には同時多発テロを想定した合同訓練が9カ国で実施され、36の対テロ部隊が参加した。GSG9の元指揮官は、さらなる情報をインタビューで明らかにした。

　「私たちはフランス憲兵隊の特殊部隊のGIGNと2010年に合同訓練を行ない、パリのオルリー空港でハイジャック機に2カ所から同時に突入する訓練を実施しました。スペインの部隊とは船舶の解放訓練を2011年に行なっています。またサッカーのワールドカップの観衆警護も訓練しています。2013年にはビル、航空機、列車、バスで多くの人が人質に取られたという想定でアトラスが主導して全ヨーロッパの大規模訓練を行ないました」

　アトラスが誕生する前から対テロ部隊の相互援助を目的とした非公式ネットワークが存在したことはすでに述べた。GSG9は1979年に初めての国際対テロ研究会を主催し、世界の警察や軍から22の対テロ部隊を集めて開催された戦闘チーム競技会（CTC）でも重要な役割を果たした。

　現在、CTCは4年に一度開催され、5日間にわたって隊員の

2009年に撮影されたイラク・バグダッドのドイツ大使館の警備に配属されたGSG９の身辺警護チーム隊員（後ろ姿）。オーストラリア軍の兵士にモデルG36Cカービンの特徴を説明している。(Commonwealth of Australia)

身体能力と精神力が試される。最近では40以上の対テロ部隊が参加しており、2005年にロシアのアルファも初参加した。

　ドイツのGSG９とSEKの成績は常に良好で、アルグス部隊に代表されるスイスも好記録を残している。

シュミット&ベンダーPMⅡスコープを装着した
7.62mm口径HK417マークスマン・ライフルで照準
を合わせるGSG9のスナイパー。PMⅡスコープ
上のエイムポイント・マイクロT1レッド・ドット
光学照準器は接近戦闘用。遠距離の狙撃の際、タ
ーゲットを高倍率のスコープで捉えるため、おお
よその方向を定めるのにも利用される。(GSG9)

第6章
最新の
対テロ兵器

対テロ用の装備開発

1972年のミュンヘン・オリンピック襲撃事件の直後に創設されたヨーロッパの対テロ部隊は、調達が容易な手近にあった多種多様な武器で初期の武装をした。隊員は制服やグリーンのカバーオールを着用し、標準的な空挺ヘルメットを使用した。

多くの部隊は射撃中の作動の信頼性が高いことから個人武装としてリボルバー（回転式拳銃）を採用した。距離の離れたターゲットを狙撃する場合、入手の容易さから、母体の軍一般部隊が使用している制式ライフルが選択された。

一方、SASやGSG9などは、任務に適した特殊な武器と装備品の必要性を認識していた。

イギリスのポートンダウンにある国防科学技術研究所の研究者は対テロ介入で使用される多くの革命的な武器を開発した。9mmのフランジブル弾は人体内でのみ拡散するため、テロリストの体を貫通しないで体内で停弾となり、人質を傷つける危険性は低減した。

非致死性のスタングレネードもこの研究所で開発された。このマグネシウムを主成分にした武器は、爆発するとまぶしい閃光と大きな爆音を発生させ、狭い室中のテロリストの視覚や聴覚を約5秒間奪う効果がある。

人気のグロック・ピストル

当初リボルバーが使用された理由のひとつに、軍用として一般的だった9mm口径のセミオートマチック・ピストル用の対人ホローポイント弾の開発や生産が1970年代に進んでいなかったことがあげられる。

ストリームライト社製M3ライトを取り付けた9mm口径グロック・モデル17ピストルを構えるGIGNの隊員。写真は2006年に撮影されたと考えられる。隊員は.357マグナム口径マニューリン・モデルMR73リボルバーも腰のホルスターで携帯している。(J.Guez)

このため、「ニムロッド」作戦でSASは普通弾（フルメタルジャケット弾薬）をMP5サブマシンガンに使用した。リボルバーはアメリカの警察や射撃愛好家が多数使用していたため、さまざまな形状の弾薬が開発されており、ホローポイント弾も容易に入手できた。

初期のドイツのGSG9は.38スペシャル弾薬や.357マグナム弾薬を使用するS&W（スミス&ウェッソン）社製のリボルバーを使用した。フランスのGIGNも同様に.357マグナム弾薬を使用するマニューリン社製のモデルMR73リボルバーを使用した。

最新の対テロ兵器　157

▶H&KモデルP7ピストル。グリップを握り締めることで射撃準備が整うスクイーズコッキングメカニズムが組み込まれ、即応性に優れている。射撃ガスを利用するガスロック方式で小型軽量だが、射撃を続けるとピストルが熱くなる欠点があった。(Tokoi/Jinbo)

◀H&KモデルP9Sピストル。G3アサルトライフルと同じローラーロック方式を採用したことでバレルを固定でき、高い命中精度が得られたが、構造が複雑となり整備に手間を要した。(Tokoi/Jinbo)

　GSG9指揮官のウーリッヒ・ウェグナーはハイジャックされたルフトハンザ機の人質解放作戦「ファイアー・マジック（火の魔法）」作戦に4インチのバレルを装備したS&Wモデル19リボルバー（現在はボンの歴史の家博物館に所蔵）を携行した。彼の部下の多くは銃身の先端が丸みを帯びたS&Wモデル66リボルバーか、H&K社製のモデルP9S 9mmセミオートマチック・ピストルを使用した。

　多くの介入部隊が装填弾薬量の多いセミオートマチック・ピストルのマガジンを評価し、何よりターゲットの体内で停弾し、二次被害を出しにくいホローポイント弾やフランジブル弾

▶SIGザウァー・モデルP220ピストル。スイス陸軍向けの新型制式ピストルとして開発されたダブル・アクションピストルで、フレームは軽合金製のほか、耐久性の高いスチール製のものが特殊部隊向けに供給されている。現生産型はフレーム先端下面にピカティニーレールを装備している。(Tokoi/Jinbo)

◀SIGザウァー・モデルP226ピストル。P220の発展型で、装填弾薬量の多いダブル・カーラム・マガジンが組み込まれている。P220と同様に軽量の合金ノレームと耐久性の高いスチール製のフレームが特殊部隊向けに供給されている。(Tokoi/Jinbo)

の入手が広く可能になったため、個人武装のトレンドは9mm口径のセミオートマチック・ピストルに移った。

SIGモデルP220、その後、SIGモデルP225やモデルP226シリーズが使われるようになり、スクイーズコッカーを組み込んだH&KモデルP7（PSP）も使用されるようになった。

イギリスのSASは、FNモデル・ハイパワー・ピストルを1980年代後半まで使用したが、SIGモデルP226に交代した。

現在、個人武装のピストルは、9mm口径のセミオートマチック・ピストルがほぼ独占している。なかでもオーストリアのグロック社の開発したモデル17ピストルが圧倒的に多く、その

最新の対テロ兵器　159

グロック・モデル17ピストル。プラスチック・フレーム製のため軽量で、各国の警察機関で採用されている。セーフ・アクションと名づけられた変則ダブル・アクションが組み込まれ、即応性を備えており、多くの特殊部隊でも採用されている。(Tokoi/Jinbo)

他のピストルを装備する部隊は稀になっている。

グロック・モデル17ピストルにシュアファイヤー社のタクティカルライトを装備させるのが最も一般的で、コンパクトなグロック・モデル19ピストルも高く評価されている。

SASはSIGモデルP226ピストルを退役させ、グロック19を導入した。(監訳者注：現在、SASはグロック・モデル17ピストルとグロック・モデル19ピストルを並行して使用している)

ベルギーの対テロ部隊は自国のファブリック・ナショナル(FNH) のモデル・ハイパワー・ピストルをオーストリアのグロック社製のピストルに交代させた。

現在もフランスのGIGNの公式標準支給品はマニューリン・モデルMR73だが、やはりここでもグロッグ・ピストルが作戦で使用されることが増えている。

H&KモデルMP5サブマシンガン。G3アサルトライフルと同様のローラーロックが組み込まれ、高い命中精度と耐久性が特徴。特殊部隊のスタンダードな武器で、介入部隊が多く使用する。一般警察用にセミ・オートマチックのみの製品も供給されている。(Tokoi/Jinbo)

FNモデルP90サブマシンガン。自衛用の火器(PDW)として開発された小型の武器だ。兆弾のエネルギーを急速に低下させる独特な弾薬を使用することから、室内戦闘に適し、特殊部隊の突入班で使用されるようになった。ブルパップ・タイプで全長が短く携帯性に優れる。(Tokoi/Jinbo)

MP5サブマシンガンとカービン

対テロ部隊がグロック・ピストルを選択する理由は、その驚くべき信頼性だ。同じ理由でヨーロッパの部隊の多くは、ドイツのH&K社のモデルMP5シリーズ・サブマシンガンを選定・採用した。

過去に各国の対テロ部隊はイスラエルのウジ・サブマシンガ

ン、アメリカのイングラム・サブマシンガン、ドイツのワルサー社のモデルMPKやモデルMPLサブマシンガン、イタリアのベレッタ・モデル12サブマシンガンなどを使用していたが、1977年にGSG9がMP5サブマシンガンを投入してモガディシュでルフトハンザ航空181便のハイジャック事件を解決させると状況は一変した。

しばらくしてSASもMP5サブマシンガンを採用し、やがてほぼすべてのヨーロッパの対テロ部隊がこれにならった。

東側の対テロ部隊も、ブラックマーケットでMP5サブマシンガンを調達しようとしたほど、このサブマシンガンの評価は高かった。

ヨーロッパの対テロ部隊の主要な武器が現在もMP5サブマシンガンであることに変わりはない。しかし、MP5サブマシンガンと同等の長さの銃身を装備した5.56mm口径のアサルト・ライフルのカービン・タイプを装備させる部隊も着実に増えている。

これらのアサルト・ライフルはサブマシンガンとほぼ同じ大きさながら、使用する5.56mm弾薬が威力と射程に優れ、MP5サブマシンガンで使用される9mmピストル弾薬よりもボディーアーマーを着用しているテロリストに対して効果的だ。

4.6mm口径のH&KモデルMP7サブマシンガンもGIGNのボディガード隊員などの一部で採用されている。

消音性能がほかのサウンド・サプレッサー（減音器／消音器）に比べて圧倒的に優れているため、組み込み式のサウンド・サプレッサーを装備したMP5SDサブマシンガンは、いまでも多くの対テロ部隊で使用されている。

化学・生物・放射線・核（CBRN）／危険物（HAZMAT）全身防御服を着用したGIGN隊員。この防護服は自給式呼吸器（空気または酸素ボンベと給気マスク）とともに着用する。エイムポイント光学照準器が取り付けられたFN社製5.7mm口径モデルP90サブマシンガンで武装している。（J.Guez）

サプレッサーを装備したFN社製の5.7mm口径ブルパップタイプのモデルP90サブマシンガンは、DSU、GEO、SIPA、GIGN、URNAなどの多くの対テロ部隊で使用されている。

　使用される弾薬の弾丸が軽く小さいため、弾丸の威力について論争が長く続いているが、コンパクトで、反動も少ないため、航空機内や船舶内の狭い空間で作戦を展開する対テロ部隊は、このP90サブマシンガンを高く評価している。

　狭い空間の作戦で突入の時に先頭の隊員や盾（シールド）を持った隊員を援護する隊員がFN社のモデルP90サブマシンガンを使うことが多い。

対テロ部隊が使用する特殊装備

❶AirTEP空中戦術離脱プラットフォームは逆さまにした傘と似た構造となっており、ヘリコプターで吊り下げて、人質救出チームを移動する際に使用される。安全索は中央の懸架柱に通され、床部分がケブラー材のネットでできており、ヒンジ留めした5本の金属製支柱で広げる。最大で10人まで搬送できる。

❷昇降式救出・強襲システム（HARAS）を装備したシボレー・サバーバンSWATECトラック。車体の左右にランニングボードが広げられ、強襲チームが搭乗できる。

❸手に持つタブレット端末で、6輪の小型無人車両（UGV）を制御する隊員。UGVは高速で走行でき、搭載したカメラで偵察を行なう。

❹一脚に取り付けたカメラを使用し、建物の隅や内部を確認するGIGNの隊員。画像を手にしたモニターで確認できる。隊員はH&KモデルMP7A1サブマシンガンで武装し、4輪のUGVをバックパックに入れて携帯している。

❺小型UAV（ドローン：無人航空機）も隊員が手にするタブレット端末で制御する。UAVには高感度カメラと音響センサーが搭載されている。

アサルト・ライフル＆バトル・ライフル

　ヨーロッパの対テロ部隊は、大きく分けて３種類のアサルト・ライフルを使用している。スイスSIG社製のSG551／SG552／SG553シリーズ、ドイツH＆K社製のG36シリーズ、アメリカで設計されたM４カービンのさまざまな派生型である。

　SIGのモデルSG551SWAT・コマンドとモデルSG552アサルト・ライフルは、主にフランス、ドイツ、スペインの対テロ部隊で使用されている。

　SIGはショルダー・ストック（銃床）を機関部の側に折りたたむことができ、コンパクトに運搬することが可能で、この機能がとくに潜水員や空挺隊員にとって有用である。

　最近、イギリスのSCO19は、SIGモデルSG516とMCXの新型SIGアサルト・ライフルを装備品に追加した。

　G36アサルト・ライフルは多くのバリエーション機種が供給されている。その基本型は３種類に分類できる。

　スタンダードとなる長さのバレル（銃身）を装備したG36アサルト・ライフル、バレルを短くしたG36Kカービン、G36Kよりもさらにバレルを短くし、ストックを側方に折りたためるG36Cコンパクト・カービンだ。

　ヨーロッパの対テロ部隊で最も多用されているアサルト・ライフルが、このG36アサルト・ライフル・ファミリーだ。

　使用されている派生型には、さまざまな種類がある。フランスのRAIDとBRI-BACは、セミオートマチック射撃と２発分射のみ可能なセレクターを組み込んだG36Cコンパクト・カービンを使用している。

　一方、同じフランスのGIGNは、G36KA3カービンの派生型を

H&KモデルG36Kカービン。ドイツ軍のモデルG36制式アサルト・ライフルの短縮型。当然ライフル弾薬を使用でき、サブマシンガンのピストル弾薬が貫通できない防弾チョッキを着用したターゲットに対応するため、多くの特殊部隊で使用されるようになった。(Tokoi/Jinbo)

使用している。このカービンは、セミオートマチック射撃からフルオートマチック射撃まで選択可能なセレクターが組み込まれている。

　ドイツのGSG9は、さまざまなバリエーションのG36Cカービンを使用しており、多くの場合、サウンド・サプレッサーを装着して使用する。

　M4カービンと、その発展型ともいえるH&K社のモデルHK416ライフルなどの派生型も広く使われている。

　ノルウェーの対テロ部隊デルタはコルト・カナダのC8 SFWを使用している。イギリスのSASでも同種のライフルがL119A1ライフルの名称で、L119A2改良型に交換されるまで使用されていた。

　イタリアのNOCS隊員には、アメリカのブッシュマスター社製のM4カービンが支給され、GROMもHK416に交代されるまで同じカービンを使用していた。

　これらM4カービンの改良型や派生型の中で最も優れている

最新の対テロ兵器　167

H&KモデルHK416アサルト・ライフル。アメリカ軍制式モデルM16（アーマライト）ライフルをベースに、ドイツのH&K社が開発設計した発展型だ。M16はガス直接利用式で設計されていたが、モデルHK416はより作動の信頼性が高いガス・ピストン利用方式で設計されている。(Tokoi/Jinbo)

と考えられるのは、H&K社製のモデルHK416だろう。

　ヨーロッパのいくつかの対テロ部隊は、独自の武器を使用している。ベルギーのGISはFN社製のMk16 SCAR（特殊部隊用戦闘アサルト・ライフル）を使用している。このアサルト・ライフルに交換されるまで、GISは5.56mm口径でMP5サブマシンガンとよく似た外見を持つH&K社のモデルHK53カービンを使用していた。

　フランスのGIGNはピカティニー・レールを装備したFAMAS G2アサルト・ライフルを今でも多数の保有している。だが、このライフルが攻撃用の武器として使用されることはなく、バレルの下に取り付ける攻撃・防御用グレネード・ランチャーのために残されている。

　オーストリアのブルパップ・タイプ・アサルト・ライフルのシュタイヤー・モデルAUGアサルト・ライフルはEKOコブラがカービン・バージョンを使用している。

　スペインのGEOはFN社のモデルF2000アサルト・ライフルを

シュタイヤー・モデルAUGA2カービン。オーストリアのシュタイヤー社が開発したプラスチックを多用したAUGアサルト・ライフルの短縮型カービン。ブルパップ・タイプで設計されたため、長いバレルを組み込んでも全長が短く、限られた空間での操作性がよく、突入班にとって有効である。(Tokoi/Jinbo)

使用している。

いくつかの部隊は複数の機種のアサルト・ライフルを保有し、作戦によって使い分けている。たとえば、GIGNはFN社製のMk16 SCARアサルト・ライフル、FAMAS G2アサルト・ライフル、H&K社製モデルHK416アサルト・ライフル、SIGモデルSG552アサルト・ライフルを使用しているのが近年確認されている。

一方でアサルト・ライフルを1機種に統一している対テロ部隊もある。ドイツのGSG9は、最近H&K社製モデルHK416アサルト・ライフルを導入するまで、長期間H&K社製のモデルG36アサルト・ライフル・シリーズを使用してきた。

ヨーロッパの対テロ部隊はライフルなどの武器に独特なストック（銃床）を装着して使用している。

最新の対テロ兵器 169

FNモデルF2000アサルト・ライフル。ブルパップ・タイプで設計されたため、長いバレルを組み込んでも全長は短い。さらに部品の組み換えが容易にできるモジュール方式で設計され、多くの異なる部品を装備できるため、汎用性が高い。(Tokoi/Jinbo)

　対テロ部隊のヘルメットには、一般的に防弾バイザー（ヘルメット前面の防弾ガラス）が取り付けられるため、スタンダードのストックのままでは、銃の照準装置が使用できなくなるので、独特なストックが考案された。

　このアフターマーケットのストックは、スイスのブルッガー＆トーメ（B&T）社が長らく独占的に提供していたが、最近ドイツのH&K社もこの分野に参入した。

　これら２社が供給するストックは大きく下方に45度曲がっており、ヘルメットのバイザーを避ける構造になっている。これらのストックは、ヘルメットにバイザーを装着して銃を使う場合の使いにくさの解決策の１つとなっている。

　ヨーロッパの対テロ部隊の武器庫には常にバトル・ライフルが保管されている。バトル・ライフルとは小口径の現行アサル

ト・ライフルよりやや大口径の戦闘用ライフルで、多くは7.62mm×51弾薬を使用し、一般の接近戦で使用されるほか、より遠距離の狙撃などにも使用される。旧世代のNATO制式ライフルも多く含まれている。

バトル・ライフルの代表的な製品は、1970年代から軍用ライフルの傑作とされていたドイツH&K社のモデルG3ライフルだ。7.62mm×51弾薬を使うこのライフルは、光学式照準器（スコープ）と二脚を装備し、主にマークスマンによって使用される。

GSG9やDSUが使用する最新型にはアフターマーケットのピカティニー・レールや調整可能なストックが装備されている。

イギリスのSCO19は専用光学照準器と短いバレルを装備したモデルG3Kライフル（カービン）を調達した。このライフルにはH&K社製のMSG90スナイパー・ライフルと同型のストックとピストル・グリップも装着されている。

多数使用されているモデルG3ライフルだが、最近、同じ7.62mm×51弾薬を使用する新型のモデルHK417ライフルに置き換える動きもある。

スペインの対テロ部隊のGEOは、12インチのバレルを装備したモデルHK417ライフルを少数だが調達した。モデルHK417ライフルは、マークスマンやスポッター（観測手）のライフルとして用いられるケースが多い。

まったく異なる作戦を行なうBRI-BACやURNAのような部隊でも、モデルHK417ライフルは同一の目的で使用されている。

最新の対テロ兵器　171

スナイパー・ライフル

ヨーロッパの対テロ部隊のスナイパー（狙撃手）専用の狙撃
ライフルは、ヨーロッパで設計されたものが主に選択されてき
た。

7.62mm×51弾薬を使用し、やや繊細ながらも驚くほど精密
な、H&K社製のモデルPSG 1 ライフルが最近まで高く評価され
てきた。このライフルは、最近になって設計されたライフルと
比べて性能的には劣らないが、新型のモデルHK417ライフルの
スナイパー型などに交換されつつある。

ロシアのアルファ・グループがモデルHK417ライフルの民間
向け市販型のモデルMR762ライフルを少数ながら使用している
ことは興味深い（アルファ・グループは、M 4 カービンのクロ
ーン〔オリジナルではない他社製のコピー〕とグロッグ・ピス
トルも使用している）。

7.62mm×51弾薬を使用するボルト・アクション式スナイパ
ー・ライフルのマッザー・モデルSP66ライフルは、多くのヨー
ロッパの対テロ部隊が装備していた。

このライフルは、SASとSBSにスナイパー・ライフルを供給
するために創立されたイギリスの銃器メーカー、アキュラシ
ー・インターナショナルの製品にほぼ交代された。

アキュラシー・インターナショナル社製でサウンド・サプレ
ッサーが装着できる寒冷地対応型の減音器モデルAWSは、イギ

◀部隊で使用する武器を展示するイタリアのGIS隊員。5.56mm口径
モデルHK416アサルト・ライフル、ブッシュマスターM 4 アサルト・
ライフル、12ゲージ・ベネリM 3 ショットガン、5.56mmミニミ・ライ
トマシンガンおよび多数のピストルが展示されている。（L.Lezza）

最新の対テロ兵器　173

H&KモデルPSGスナイパー・ライフル。ドイツ軍のモデルG3制式アサルト・ライフルを発展させた精密射撃が可能な狙撃用ライフル。ローラーロッキング方式で、精密射撃が可能なように各部分が強化され、精密射撃用のトリガーメカニズムが組み込まれている。(Tokoi/Jinbo)

リス軍の制式となり、モデルL96A1スナイパー・ライフルと名づけられた。ドイツ軍も制式スナイパー・ライフルに選定し、モデルG25スナイパー・ライフルの制式名与えた。

　この7.62mm口径のスナイパー・ライフルは、ショルダー・ストック部分を折りたたむことができ、銃口部にサプレッサーを装着できる。

　モデルASWスナイパー・ライフルは、サウンド・サプレッサーを装備していないモデルAWスナイパー・ライフルやモデルPMスナイパー・ライフルとともに多くの国の対テロ部隊で採用され、使用されている。

　フランスのGIGNは、7.5mm口径でボルト・アクション式のモデルFR-F1スナイパー・ライフルを採用し、のちに口径を

H&KモデルG28スノイパー・ライフル。モデル416アサルト・ライフルを大型化し、7.62mm口径弾薬を射撃するモデル417/フィノルを発展させた狙撃向けライフルで、一般戦闘にも対応できるマークスマン・ライフルとして設計された。ドイツ軍が狙撃ライフルとして採用した。(Tokoi/Jinbo)

7.62mmに変更したモデルF2スナイパー・ライフルと交換して使用した。

2003年にGIGNは、アキュラシー・インターナショナル社製の7.62mm口径のモデルPMスナイパー・ライフルと338ラプア・マグナム弾薬を使用するモデルAWマグナム・スナイパー・ライフルを採用した。同時にフィンランド・サコ社製のティッカ・モデルT3タクティカル・ライフルも採用した。

アキュラシー・インターナショナルの製品とともに、フィン

最新の対テロ兵器　175

▲マゥザー・モデル66Sスナイパーライフル。警察特殊部隊向けに設計された手動連発式の精密射撃ライフル。特殊なスライド式のレシーバーを組み込んであるため全長を短く設計できた。手でハンドルを操作しボルトを前後動させて連発するボルト・アクション作動方式のライフルだ。(Tokoi/Jinbo)

ランドの銃器メーカーのサコ社が供給するボルト・アクションのスナイパー・ライフルも評価が高い。

7.62mm口径のモデルTRG22スナイパー・ライフルと.338ラプア・マグナム口径のモデルTRG42スナイパー・ライフルがポーランド、デンマーク、ノルウェーの対テロ部隊のスナイパーによって使用されている。

軍で使用される軍用スナイパー・ライフルの口径が大きくなるにつれ、利用する射程は軍よりも短いものの、対テロ部隊が装備するスナイパー・ライフルも口径が大きくなる傾向がはっきりしている。

現在多くの対テロ部隊は、.300ウィンチェスター・マグナム口径や.338ラプア・マグナム口径のボルト・アクション式のス

▼モデルFR F2スナイパー・ライフル。フランス軍も制式にしている手動連発式の狙撃ライフル。ハンドルを操作しボルトを前後動させて連発するボルト・アクション作動方式で、写真のモデルは直射日光でバレルが過熱されることを防ぐためのバレルジャケットを装備している。(Tokoi/Jinbo)

ナイパー・ライフルを使用している。

　対テロ部隊のスナイパー・チームは、精密な射撃が必要となると、スナイパー（狙撃手）がボルト・アクション・スナイパー・ライフルで狙撃し、着弾観測や追加射撃、援護などをするスポッター（観測手）がセミオートマチック・ライフル（マークスマン・ライフルやコンバット・ライフル）でバックアップする。

　オーストリアのシュタイヤー・モデルSSG08スナイパー・ラ

最新の対テロ兵器　177

▲SAKOモデルTRG42スナイパー・ライフル。フィンランドのサコ社が開発したボルト・アクションの手動連発式の狙撃ライフルだ。組み替えることで異なる口径の弾薬を射撃できるモジュール方式で設計され、ボルトは60度の角度で回転させてロックする近代的な設計が採用された。(Tokoi/Jinbo)

イフルは、オーストリアの対テロ部隊のEKOコブラと密接に共同して開発され、7.62mmや.338ラプア・マグナムなど多くの弾薬に対応できる新型ボルト・アクション・ライフルだ。

　.338ラプア・マグナム口径のシュタイヤー・モデルSSG08スナイパー・ライフルは、同じく.338ラプア・マグナム弾薬を使用するアキュラシー・インターナショナル・モデルAXMCスナイパー・ライフルとライバル関係にあり、現在のところ優位に立っている。

▼シュタイヤー・モデルSSG08スナイパー・ライフル。オーストリアのシュタイヤー社が設計した現代的なボルトアクション手動連発式の狙撃ライフルだ。全長の長い狙撃ライフルを容易に携帯できるよう折りたたみ式の金属製のショルダー・ストックを装備させた。より正確な長時間狙撃を可能にするため固定脚が組み込まれている。(Tokoi/Jinbo)

　しかし、ベルギーの対テロ部隊DSUは、アキュラシー・インターナショナル・モデルAXMCスナイパー・ライフルを選択した。

　スイスの対テロ部隊とドイツのGSG9は、.338ラプア・マグナム弾薬を使用するスナイパー・ライフルとして、フランスのPGM社製ボルト・アクション式のモデル.338ミニヘカート・スナイパー・ライフルを選択した。

　大型の12.7mm×99弾薬を使用する大口径のアンチ・マテリア

ル／ロングレンジ・スナイパー・ライフル（対物破壊・遠距離狙撃ライフル）のPGM社製モデル.50ヘカート・ライフルも特殊目的のために使用されている。

　パリ郊外のサン・ドニでフランスのRAIDが目標アパートの煉瓦製外壁を撃ち破ろうと使用したのもこの武器だった。モデル.50PGMヘカート・ライフルはボルト・アクション式で、さまざまな派生型がEKOコブラ、GIGN、GSG９などによって使用

◀PGMモデル・ヘカート・ライフル。口径12.7mm(.50口径)弾薬を使用するロングレンジ(遠距離)狙撃用のスナイパー・ライフルだ。口径12.7mm弾薬は、1000m以上離れた目標も狙撃できる性能を備えている。大口径の大型弾薬を使用するためライフル自体も大きく頑丈な造りとなっている。作動はボルト・アクションの手動連発式だ。(Tokoi/Jinbo)

◀バーレット・モデル82A1アンチ・マテリアル・ライフル。アメリカ軍をはじめ多くの特殊部隊に採用されている大口径ライフルだ。主に遠距離にある軍事目標の破壊用として用いられている。遠距離のロングレンジ・スナイパー・ライフルにも利用できるが、セミ・オートマチックで作動させる構造から、精密な射撃性能に欠けると指摘されている。(Tokoi/Jinbo)

されている。

同じ12.7mm×99弾薬を使用するアンチ・マテリアル／ロングレンジ・スナイパー・ライフルにアメリカ製のセミオートマチックのバーレット・モデルM82A1ライフルがある。多くの対テロ部隊は、少なくとも1～2挺のバーレット・モデルM82A1ライフルを保有している。

その他の武器

多くの対テロ部隊は、大きな制圧火力が必要になる事態に備えて、ライトマシンガン（軽機関銃）も多数保有している。フランスのGIGNはダマルタン・アン・ゴエルの事件で、少なくとも1挺のFNモデル・ミニミ・パラ・ライトマシンガンを使用した。

対「ルーベ団」作戦の経験から、同じくフランスのRAIDは5.56mm口径のFNモデル・ミニミ・ライトマシンガンとこれを大型化し、7.62mm×51弾薬を使用するFNモデル7.62ミニミ・ライトマシンガン（マキミ）を数多く保有している。

ドイツのGSG9は、マガジンから給弾する7.62mm口径のH&KモデルG8A1ヘビー・オートマチック・ライフルを装備している。（監訳者注：これらのH&KモデルG8A1ヘビー・オートマチック・ライフルは、部品を交換することで、非常時にベルト給弾方式の完全なライトマシンガンに変身させることが可能）

ポーランドのBOAを含む旧東ヨーロッパ諸国の多くの対テロ

FNモデル・ミニミ・ライト・マシンガン。もともとアメリカ軍の分隊支援火器（分隊機関銃）として開発された。その後、各国軍隊でも多く使用され、武装強化するテロリストに対処する目的で、特殊部隊にも配備されようになった。ベルトリンクで連結した弾薬だけでなく、NATOスタンダードのライフル用マガジンも使用できる。(Tokoi/Jinbo)

1980年代中頃に撮影されたGSG9の特別行動隊（SET）の隊員と圧倒的な種類と数の武器と装備品。7.62mm口径モデルPSG-1スナイパー・ライフル、マウザーSP66スナイパー・ライフル、9mm口径モデルMP5A3サブマシンガン、モデルMP5Kサブマシンガン、モデルMP5SD3消音サブマシンガン、12ゲージ・モデルHK502ショットガン、多種多様な.357マグナム・リボルバーと9mm口径のモデルPSP（P7）ピストルなどが展示されている。(private collection)

部隊は、ベルト給弾式の優秀なモデルPKM汎用マシンガンを使用している。

　対テロ部隊はターゲットを殺傷する致死性武器だけでなく、殺傷能力を極力少なくした非致死性の武器も多数保有して使用している。

　非致死性武器は、NCやOCなどの催涙武器、顔面に直接吹き付けるペッパースプレー、通電し相手の抵抗を封じるX-26テーザー銃、手に持つ放水銃、12ゲージや40mm口径の銃から射撃

最新の対テロ兵器　183

2015年1月9日、ダマルタン・アン・ゴエル印刷所を強襲するフランスの対テロ部隊GIGN。この写真は「シャルリー・エブド襲撃事件」の犯人であるクアシ兄弟が銃撃中に建物から出てきた時刻に撮影された。前方のSUVから隊員が降車し、強襲チームを乗せたルノー・シェルパ4輪駆動軽装甲兵員輸送車(APC)が前進している。容易に印刷所の上階へ突入できるよう、シェルパに装備されたランプが上昇させてある。(F.Balsamo)

H&KモデルG8ヘビー・オートマチック・ライフル。ドイツの国境警備隊（グレンツシュッツ）向けに開発された支援火器だ。H&Kモデル21マシンガンをベースに開発され、政治的な配慮からマガジン（大容量のドラムマガジンを含む）で弾薬を供給するように改良された。グレンツシュッツではライフル8型（G8）の制式名で呼ばれている。(Tokoi/Jinbo)

FNモデル303非致死性カービン。ターゲットに抵抗を停止させるのに十分な痛みを与えるものの、死亡させない大口径の弾丸を圧搾空気で発射する。弾丸は主に打撃力を発揮するスラグ弾のほか、特定の人物をマークするためのマーカー弾、催涙ガスを封入した催涙弾などがある。(Tokoi/Jinbo)

するラバースラグ（ゴム弾）やラバー散弾（ゴム製の散弾）、布製の袋に細かい散弾を入れて殺傷能力を低下させたビーンバッグ弾まで数多くある。

　ベルギーのDSUの指揮官の1人は、尋問ができるから、できるならテロリストを生きたまま捕らえて欲しいと考えている。

「（実弾を使用する際）私たちは足、腕や肩を撃とうと努めま

UAV（ドローン）を運用する対テロ部隊の珍しい写真。2016年、パリの地下鉄構内でUAVを制御するBRI-BAC隊員。165ページのイラスト参照。(M.Medina)

す。しかし、手元にあるなら、私たちは犯罪者に行動を断念させるだけの苦痛を与える、非致死性弾を発射するFNモデル303の使用を優先します」（資料1）

非致死性武器を使用する際の選択肢として、非致死性弾の発射銃FNモデル303は、広く認知されつつある。

FNモデル303は、圧縮空気圧で17.2mm口径のペイント弾に似た弾丸を発射する。

メーカーのファブリック・ナショナル社（FNH）は「この弾丸は、射程内のターゲットに対して、行動を制止するのに十分な苦痛を与える」と説明している。

FNモデル303で射撃する弾丸には、このほかに、OC催涙剤を相手に付着させる弾丸や、被疑者を特定するための着色剤を付

最新の対テロ兵器　187

ベルネ・カロン・フラッシュボール・ランチャー。フランスで開発された非致死性のピストル型武器だ。口径44mmのゴム製弾丸を火薬で発射する。弾丸は軟質のゴム製だが、速い初速で発射するためターゲットの抵抗を止めるのに十分なパンチ力を備えている。(Tokoi/Jinbo)

着させる着色弾丸などが供給されている。

　類似した非致死性の弾丸を発射する武器にフラッシュボール・ランチャーがある。フラッシュボール・ランチャーは、フランスのバーニーキャロン社が製造供給しており、直径44mmのスポンジ製のゴムボールを火薬ガス圧で発射する。

　スポンジボールながら飛行スピードが高いのでターゲットに十分な痛みを与えることができる。シングル・バレルのものやダブル・バレルのフラッシュボール・ランチャーが製造されている。

　ショットガンはヨーロッパの対テロ部隊で限定的に使用され、バリスティック・ブリーチングやCSフェレット弾を発射するための短いバレルのショットガンが装備されている。

　一般的なショットガンは、レミントン870ポンプアクション

レミントン・モデル870ポリス・ショットガン。主にアメリカの多くの警察で使用されている散弾銃。パトロールカーに持ち込みやすいようにバレルは短い。12ゲージ散弾をバレル下のチューブ・マガジンに装填し、ハンドガードを前後動させて連発するポンプ・アクション方式。(Tokoi/Jinbo)

ベネリ・モデルM4ショットガン。アメリカ軍も制式採用している戦闘用の散弾銃だ。セミ・オートマチック方式にすばやく連発でき、大きな制圧力を備えている。写真の製品はとくに突入班が限られた空間で使用しやすいようにショート・バレルで、バレル先端にはドアなどに密着させて射撃する際に発射ガスを安全に逃がすためのアタッチメントが装備されている。(Tokoi/Jinbo)

で、短いバレルとバリスティック・ブリーチングを行ないやすいピストル・グリップを装着している。

イタリアのベネリ社製のモデルM3ショットガンやモデルM4シリーズ・ショットガンも広く使われている。

見る機会が少ない珍しいショットガンに、フランスのBRI-BACやRAIDが使用するロシア製モロト・ヴェープルやサイガ12Sがある。

いずれもセミオートマチック・ショットガンで、外見がカラシニコフAKアサルト・ライフルに似ており、ライフルと同様のカーブしたボックス・マガジン（箱型弾倉）から給弾し連発する。

フランキ・モデルSPAS12ショットガン。イタリアのフランキ社が開発した戦闘用の散弾銃だ。ポンプ・アクションで手動連発する方式とセミ・オートマチックで連発する方式を切り替えることができる。バレル下のチューブ・マガジンに弾薬を装填する。(Tokoi/Jinbo)

フランキ・モデルSPAS15ショットガン。SPAS12ショットガンと同様に、ポンプ・アクション方式とセミ・オートマチック方式の切り換えが可能。弾薬の種類を替えるのが難しいチューブ・マガジンでなく、素早く弾薬を替えられるボックス・マガジンを装備する。(Tokoi/Jinbo)

　イタリアの対テロ部隊は、有名なモデルSPAS-12ショットガンやボックス・マガジンから給弾するモデルSPAS-15などのイタリアのフランキ社製の軍用ショットガンを使用している。

　軍用ショットガンを使用した対テロ部隊のパイオニアはおそらくGSG 9で、1970年代末から1980年代初頭にH&K社が供給するモデルHK502ショットガンが配備された。

　襲撃の支援火器には、衝撃で発火するフラッシュバン・グレネード、CSガス（催涙ガス）グレネード、ケミカルスモーク（発煙）グレネードなどを発射する40mmグレネード・ランチャー数機種が使用されている。

　非致死性グレネードだけでなく、必要に応じて殺傷能力の高い

B＆TモデルGL06グレネード・ランチャー。スイスのB＆T社が開発した40mm口径の非致死性グレネードを射撃するランチャーだ。B＆T社は多くの非致死性グレネードを供給している。(Tokoi/Jinbo)

軍用の高威力グレネードも使用する。

RAIDが行なったパリ郊外のサン・ドニでの作戦を記録した映像には、40mm榴弾（おそらく軍用の対人・対軽装甲グレネード）がアパートの外壁に命中し、衝撃を与える場面が記録されている。

フランスのGEO、GIGN、RAIDは、南アフリカのミルコー社が設計したモデルMGLリボリング・グレネ

スタン・グレネード。突入班が限られた空間に突入する際に用いる手榴弾。騒音と閃光で犯人の聴覚と視覚を奪う。(Tokoi/Jinbo)

最新の対テロ兵器　191

ミルコール・モデルMRGLグレネード・ランチャー。リボルバー・ピストルのように回転するチャンバーにグレネードを装填し、トリガーを引くだけで連発できる。軍用グレネードだけでなく、非致死性グレネードも使用できる。(Tokoi/Jinbo)

H&KモデルHK69A1グレネード・ランチャー。ドイツH&K社が開発した中折れ式の単発の40mmグレネード・ランチャーで、ドイツ軍やドイツ警察が採用。ドイツ警察では主に非致死性のグレネードを発射する武器として使用している。(Tokoi/Jinbo)

ードランチャーを使用している。

　ドイツのGSG9は、単独で使用するH&KモデルHK69AIスタンドアローン・ランチャーやアサルト・ライフルのバレル下に装着するアンダーバレル・グレネード・ランチャーのH&KモデルAG36ランチャーやH&KモデルM320ランチャーを保有している。

　スイスのB&T社が製造供給する40mm口径のモデルGL06グレネード・ランチャーは、オーストリアのEKOコブラやほかのいくつかの対テロ部隊が採用している。

主な参考文献

Andre, Dom, *Flashbang Magazine*, various issues (Paris; Nimrod)

Andre, Dom, *Special Units* (Paris; Nimrod, 2016)

Fremont-Barnes, Gregory & Pete Winner, *Who Dares Wins: the SAS and the Iranian Embassy Siege 1980* (Oxford; Osprey, 2009)

Katz, Samuel M., *Global Counterstrike: International Counterterrorism* (Lerner Publications, 2004)

Katz ,Samuel M., *The Illustrated Guide to the World's Top Counter-Terrorist Forces* (Hong Kong; Concord, 1995)

McNab, Chris, *Storming Flight 181: GSG 9 and the Mogadishu Hijack* (Oxford; Osprey, 2011)

Smith, Stephen, *Stop! Armed Police! Inside the Met's Firearms Unit* (London;Robert Hale Ltd, 2013)

Thompson, Leroy, *The Rescuers: The World's Top Anti-Terrorist Units* (Boulder; Paladin Press, 1986)

Tophoven, Rolf & Verlag Bernard & Graefe, *GSG9: German Response to Terrorism* (Berlin; Monch, 1985)

various, *Kommando Magazine* (Nurernberg; SJ Publications)

various, *Special Ops: Journal of the Elite Forces & SWAT Units* (Hong Kong; Concord)

オンライン・データ
（資料１）

https://www.rt.com/news/354068-gsg9-paris-attacks-terrorism/

（資料２）

http://www.special-ops.org/news/special-forces/dsu-belgium-determined-hunt-terrorists/amp/

（資料３）

http://www.20minutes.fr/planete/1521567-20150120-dammartin-goele-chiens-gign-portaient-gilets-pare-balles

（資料４）

http://www.leparisien.fr/charlie-hebdo/un-policier-du-raid-raconte-l-assaut-de-l-hyper-cacher-02-04-2015 4659233.php

（資料５）

http://www.telegraph.co.uk/news/worldnews/europe/france/12003186

（資料6）

http://www.gign.org/groupe-intervention/?page_id=407

（資料7）

http://corpidelite.net/afm/2012/05/intervista-ad-ulrich-k-wegener/

（資料8）

https://www.merkur.de/bayern/9-beamter-befreiten-landshut-2552919.html

監訳者のことば

　1年の半分以上をヨーロッパに滞在し、調査や研究をしている私にとって、ヨーロッパの特殊部隊はなじみ深いものだ。ドイツの連邦国境警備隊の特殊部隊GSG9やノードラインベストファーレン州警察のSEK（ゾンダーアインザッツコマンド：特殊作戦コマンド）は、いずれも複数回取材している。

　本書監訳にあたって、かつてGSG9を訪問したときのことを思い出した。

　当時、GSG9の部隊長を務めていたのは本書でも紹介されているウーリッヒ・ウェグナー氏で、取材に自ら丁寧に対応してくれた。

　対テロ任務という部隊の性格上、明らかにできないものもあっただろうが、私の質問に対し、誠実に答えてくれたのが印象的だった。そのときの談話の中でとくに記憶に残ったものがある。

　それはGSG9隊員の選抜要件に関することで、体力・運動能力、戦闘・射撃技能、適性などについて答えが返ってくると予想しての質問だったが、意外なことにウェグナー氏がいちばんはじめに挙げたのは、志願者の性格、とりわけ沈着さと辛抱強さを重要視するとのことだった。

　本書にもあるとおり、隊員は国境警備隊や警察で数年の勤務経験がある者の中から選抜される。したがって、ある一定レベルの体力的、技術的な能力や適性はすでに備えているはずだ。

ウェグナー氏の挙げた性格上の要件は訓練で獲得されるというより、持って生まれた資質や長い成長過程をとおして涵養されるものであろう。

さらにウェグナー氏は、選考の際に同レベルの志願者2人のうち、どちらかを選ぶとき、1人が独身者で、もう1人が既婚者だとしたら、後者を採用すると付け加えた。家庭を持つ者のほうが、判断や行動において、冷静でしかも慎重な場合が多いからだとその理由を説明してくれた。

実は、このような性格こそ特殊部隊の任務に最も重要なのである。

対テロ作戦にしろボディガード任務にしろ、実力行使が開始されると数分、長くても10分以内に敵を制圧・無力化する必要がある、さもなければ人質や警護対象者に危害が加えられたり、事態が思わぬ方向に悪化してしまうからだ。実力行使は現場の指揮官や隊員が勝手に判断、実行できるものではない。

事態解決のためのあらゆる手段が試みられ、最終的には国家指導者や政府レベルの高度な政治判断によって実力行使の許可が出される。それまでの間、現場に展開した部隊は、すぐに行動開始できる態勢で警戒を解くことなく、注意深く、そして辛抱強く待ち続けなくてはならない。だから、ウェグナー氏は前述した隊員の資質を最重視していたのだ。

モガディシュのハイジャック犯制圧・人質救出作戦を成功裡に遂行し、事件を解決したGSG9だが、失敗した作戦もある。1988年にドイツで起こったバスジャック事件だ。この事件では、武装した犯人が人質をともない逃げ回ったあげく、記者やテレビカメラの前で会見を開くありさまになった。

このとき拳銃を携帯したGSG9隊員が、記者たちに紛れ込んで犯人のすぐ脇まで接近していたものの、衆人環視の中で殺害した場合の社会的反応を恐れた政府の判断で、射殺命令は出されなかった。

　記者会見後さらに逃走を続けた犯人はその後、射殺されたが、人質の生命も失われる悲惨な結果となった。本書でも述べられている現場と政府の判断の相違と齟齬の典型的な例だった。

　軍や警察の文民統制は、組織を暴走させないためにある民主主義国家の重要な制度だ。しかし、今まさに市民に危害が加えられようとする緊急事態に際して、判断や行動が遅れてしまう弊害も持っている。ドイツではこの事件以降、実力行使を決定する裁量権が現場に大きく委ねられることになったといわれる。

　その後、ウェグナー氏は定年退官したが、その後も各国の対テロ部隊、特殊部隊の創設や指導のために招聘され、現役時と同様に活躍している。

　どういうわけか私とカメラマンの神保照史氏は、ウェグナー氏に気に入られ、退官後、中東のある国の対テロ部隊創設のために出向する際、その送別のパーティに招待されたことがある。その席上、以前取材した記事の掲載誌を見せようと、私がウェグナー氏に近づいたところ、若い男がすっと傍らに立ちはだかった。氏はその男を制止し、掲載誌を手に取って見てくれた。

　ウェグナー氏は対テロ部隊創設者としての高名と引き換えにテロリストたちの"エネミー（敵）ナンバーワン"となってし

GSG９の最初の指揮官ウーリッヒ・ウェグナー氏（右から２人目）と監訳者（左端）。退官した現在もGSG９隊員が氏を身辺警護している。(Tokoi/Jinbo)

まった。高齢の現在も24時間ボディガード２人を帯同しており、終生この身辺警護を受けることになっているそうだ。

　写真は、ごく最近ドイツのセキュリティショーでお会いした際のものだ。ウェグナー氏と私のほかに２人の若者が着席した。柔和な顔つきながら、彼らは氏のボディガードで当然GSG９のエリート隊員でもある。彼らは人ごみの中でもお互いを見分けやすいように目立つオレンジ色のおそろいのネクタイを着用していた。

　本書『欧州対テロ部隊』（European Counter-Terrorist Units 1972-2017）は、ミリタリー研究の分野で定評があるオスプレイ社のエリート・シリーズの１冊である。著者のリー・ネヴィル氏は、このシリーズで数多くの著作があり、欧米諸国の軍事、現代戦史、なかでも特殊作戦部隊と、その兵器や装備品につい

て精通しているジャーナリストである。

　本書は、ヨーロッパ各国の警察・法執行機関が保有する対テロ・特殊部隊の沿革、組織や装備、その運用を詳述するとともに、GSG 9創設のきっかけになった1972年のミュンヘン・オリンピック襲撃事件、1994年のエールフランス機ハイジャック事件、2016年のパリ同時多発テロ事件などヨーロッパにおける重大事件をたどりながら、対テロ作戦・戦術の実相を解き明かしている。

　さらにテロリズムの動機や背景にも着目し、その根源には政治的、宗教的な対立、犯罪、市場経済のグローバル化がもたらす格差の問題があり、これらを解消しないかぎり、抜本的解決にはならないこと、テロリズムに有効な対策を講じようとすると、民主主義国家では、しばしば弊害が発生することにも言及し、テロ対策と人権の保護や自由の制限などとの折り合いをどのようにつけるかが、今後の課題であることを浮かび上がらせている。

　テロ対策にはアンチ・テロリズム（テロの抑止・防止）、カウンター・テロリズム（対テロ攻撃・鎮圧）の2つの側面があるが、警察・法執行機関の特殊部隊の任務と役割は、カウンター・テロリズムの実行主体、すなわち、いま現場で起きている危機への対処である点に大きな特色がある。

　テロリズムと戦争の境界が曖昧になり、絶えずテロの脅威にさらされている現代の世界で、日本もこの当事者になっている。本書はテロとの戦いでは軍事行動とは異なる対応、対処が必要なことを理解する一助になるであろう。

床井雅美

EUROPEAN COUNTER-TERRORIST UNITS 1972-2017
Osprey Elite Series 20
Author Leigh Neville
Illustrator Adam Hook
Copyright © 2017 Osprey Publishing Ltd. All rights reserved.
This edition published by Namiki Shobo by arrangement with
Osprey Publishing, an imprint of Bloomsbury Publishing PLC,
through Japan UNI Agency Inc., Tokyo.

リー・ネヴィル（Leigh Neville）
アフガニスタンとイラクで活躍した一般部隊と特殊部隊ならびにこれら部隊が
使用した武器や車両に関する数多くの書籍を執筆しているオーストラリア人の
軍事ジャーナリスト。オスプレイ社からはすでに6冊の本が出版されており、
さらに数冊が刊行の予定。戦闘ゲームの開発とテレビ・ドキュメンタリーの制
作において数社のコンサルタントを務めている。www.leighneville.com

床井雅美（とこい・まさみ）
東京生まれ。デュッセルドルフ（ドイツ）と東京に事務所を持ち、軍用兵器の
取材を長年つづける。とくに陸戦兵器の研究には定評があり、世界的権威とし
て知られる。主な著書に『世界の小火器』（ゴマ書房）、ピクトリアルIDシリー
ズ『最新ピストル図鑑』『ベレッタ・ストーリー』『最新マシンガン図鑑』（徳
間文庫）、『メカブックス・現代ピストル』『メカブックス・ピストル弾薬事
典』『最新軍用銃事典』（並木書房）など多数。

茂木作太郎（もぎ・さくたろう）
1970年東京都生まれ、千葉県育ち。17歳で渡米し、サウスカロライナ州立シタ
デル大学を卒業。海上自衛隊、スターバックスコーヒー、アップルコンピュー
タ勤務などを経て翻訳者。訳書に『F-14トップガンデイズ』『スペツナズ』『米
陸軍レンジャー』『SAS特殊部隊（近刊）』（並木書房）がある。

欧州対テロ部隊
―進化する戦術と最新装備―

2019年4月5日　印刷
2019年4月15日　発行

著　者　リー・ネヴィル
監訳者　床井雅美
訳　者　茂木作太郎
発行者　奈須田若仁
発行所　並木書房
〒170-0002 東京都豊島区巣鴨2-4-2-501
電話(03)6903-4366　fax(03)6903-4368
http://www.namiki-shobo.co.jp
印刷製本　モリモト印刷
ISBN978-4-89063-385-2